别在需要动脑子的时候动感情

杨岳城◎编著

中国纺织出版社

内 容 提 要

孩提时代，我们接收的多半是理想化的信息，也就是我们常说的“心灵鸡汤”，然而，自我安慰剂给我们营造的不过是一个童话王国。现在，我们是时候认清现实了，我们需要的是心灵之药，而不是心灵鸡汤！

本书就是这样一本颠覆心灵鸡汤观念的全新力作，本书实用性强，观点新颖，通过对我们思维里一些常见的观念进行论述，提醒读者朋友们要有自己的判断，从而起到真正帮助大家成长的作用。

图书在版编目（CIP）数据

别在需要动脑子的时候动感情／杨岳城编著. —北京：中国纺织出版社，2018. 6（2024.4重印）
ISBN 978-7-5180-5070-3

Ⅰ.①别… Ⅱ.①杨… Ⅲ.①成功心理-通俗读物
Ⅳ.①B848.4-49

中国版本图书馆CIP数据核字（2018）第112085号

责任编辑：闫 星　　特约编辑：李 杨　　责任印制：储志伟

中国纺织出版社出版发行
地址：北京市朝阳区百子湾东里A407号楼　邮政编码：100124
销售电话：010－67004422　传真：010－87155801
http：//www.c-textilep.com
E-mail：faxing@c-textilep.com
中国纺织出版社天猫旗舰店
官方微博http：//weibo.com/2119887771
北京兰星球彩色印刷有限公司印刷　各地新华书店经销
2018年6月第1版　2024年4月第2次印刷
开本：710×1000　1/16　印张：13
字数：193千字　定价：65.00 元

前言

生活中，相信不少人都“喝”过心灵鸡汤：当我们累了、工作难以为继的时候，心灵鸡汤鼓励我们坚持就是胜利；当我们的职业发展遇到瓶颈时，心灵鸡汤告诉我们该去充电了，该去报培训班了；当我们收获爱情时，心灵鸡汤告诉我们要好好相爱一辈子；当我们口袋空空、想要在物质生活上春风得意时，心灵鸡汤告诉我们，投资才能赚钱；当我们职场不顺时，心灵鸡汤告诉我们这是因为我们情商不高……心灵鸡汤真的见效吗？

对于这一问题，我们可以问自己：你真的通过培训获得职业技能的提升了吗？你真的通过投资赚到钱了吗？你曾经坚持的路真的是对的吗？你曾经认为永恒的爱情诺言实现了吗……或许有些“鸡汤”真的给了你养分，而有些却没有，现在我们就来告诉你一些事实：

人的努力方向如果错了，再怎么努力终究还是会失败！所以在错误的方向坚持下去一点儿意义都没有！

不少报名参加培训课程者，回家一觉之后就打回原形，毫无改变，所以盲目培训也是毫无效果！

……

或许我们该好好反省一下，该从那些理想化的心灵鸡汤所营造的童话王国中清醒过来了。

那么，就请你倒掉你头脑里不切实际的“心灵鸡汤”吧，给自己来碗“心灵之药”。

事实上，能让你变得更好的东西才是正能量，现在我们就翻开这本书吧！本书好比一碗心灵之药，帮助你剔除头脑中那些自我安慰的心灵鸡汤，内容充实、趣味十足，同时让你看清现实，进而找准努力的目标和人生的方向，助你充盈自己的人生，实现更高的人生价值！

编著者

2018年3月

目录

第01章

你在策划创业？实现你的创业梦

生活中的人们，尤其是年轻人，你是否经常被一些创业成功的故事感动，然后也心动了？你是否也在策划创业？我们要吸取前人创业失败的经验教训，作足准备和计划，找准市场，尽量将创业的风险降到最低，这样，相信你也能实现创业梦。

走在十字路口的年轻人：创业不要怕失败

我们都知道，对于我们每个人来说，从学校毕业以后，就面临着就业或创业的抉择。种种研究表明，踏入社会的第一份工作对一个人的职业生涯发展有着深远的影响。然而，就业的“窄思维”导致千军万马争铁饭碗，很多年轻人面临的局面是：好行业、好岗位得不到，大城市、大企业进不去，中小城市、中小企业不愿去，自主创业没能力，最终结局是就业难。另一种情况是毕业生过分在意自己所学的专业，专业不对口不考虑，岗位不合适不去干。

在这种情况下，毕业生亟须转变就业观念，在就业渠道、就业方式、就业领域、就业岗位等方面灵活选择，不要等待观望。

事实上，二十几岁正是创业的最佳时期，有关部门的一份最新调查显示，上海八成以上已经创业成功或者正在创业的企业主都是在29岁以下就挖到了“第一桶金”，这就表明，创业的最佳年龄一般在25～30岁之间。而且，近年来，这个年龄越来越呈年轻化的趋势。

的确，对于任何一个致力于创业致富的人来说，30岁已经成为了一个分水岭，创业“青春”的有效期已经越来越短。

为什么二十几岁是创业的最佳时期呢？这是因为年轻人的创新思维比中老年人更活跃，这是人生中精力最充沛、最好动脑筋、创造欲最旺盛的时期。尤其是在当今社会，软件、策划、投资等知识密集型行业，更注重人的创新能

力，而不只是经验。如果仅凭经验从事自己的工作，那么对于创业来说已经有些落伍了。

另外，趁着年轻创业，即便失败，也有重新来过的时间和机会。年轻是什么？年轻就是热情，就是执着，就是那一份初生牛犊不怕虎的胆识和魄力。要想创业成功，我们一定要将“恰同学少年，风华正茂，挥斥方遒”作为自己的左右铭。年轻就是资本，失败了大不了重新来过，当下的这片天固然很蓝，但现在的你充其量只是井底之蛙，想要看到更广阔的天空，需要你跳出现在的藩篱。

相信很多人都听过李玟阳这个名字，她被人们称为商业奇才，她的成功靠的也不只是幸运。她的创业经历，不仅能让富家子弟模仿学习，也可以成为白手起家创业者的借鉴榜样。

和其他很多创业者不同的是，李玟阳创业并不是为贫穷的生活所逼，相反，她出生于成都一个富裕家庭，是家里的独生女。实际上，含着“金钥匙”出生的她始终认为，创业要靠自己。

无论是在艺术还是体育方面，李玟阳都表现出了出色的天赋。她不到15岁就考上了省内一所重点大学的金融专业，当时她也是这个专业年龄最小的学生。

大学毕业后，在尝试了几份工作以后，她爱上了营销。随后，2000年，她终于瞒着家里作了人生第一笔独立的投资——在成都市区繁华的盐市口地段开了一家服装店。半年后，直到生意已经很好了，她父母才从别人那里听到了这一消息。

李玟阳随后就成立了一家贸易公司，主营医疗器械的进出口，以及机电工程项目、工厂项目的自动化系统和设备装置等。她挂职董事长、总经理两头衔。这一次，虽然父母说让她自己发展，但在很多项目中还是充当了幕后推手的角色。

在经营这家公司时，她完成了一个经典运作：2002年，成都一家高校企业要完成一个污水处理项目，李玟阳先承包了其中很大一块，然后分包给几个不

同的公司。

虽然这种模式现在已很普遍，但在当时尚属少见。这种创新之举让她在短短的几个月内赚了近千万元。

在完成千万元资产积累后，2002年前后她开始寻找新的投资项目，并打算独立操刀。她先后考察过高校、水电、煤矿等多个项目，最终看中了广安华蓥的一家水泥厂。

在此期间，她认识了现在的丈夫。夫妇俩很快就收购了这家水泥厂，紧接着又收购了当地的另外一家大型水泥厂，前后共投入了3000多万元。

经过努力，两个厂红火起来，资产规模达到了数亿元。

2005年，她接手一家经营惨淡的酒楼后，即为其经营赋予了难以复制的古文化概念，短时期内就在成都餐饮界确立了自己的地位。

对于很多正在创业的同龄人，李玟阳告诉他们的是，要独立干事业，必须要有知识、有眼光、能吃苦，还要能放下架子。一个弱女子，尚有这等勇气，尚能取得如此成就，那我们所有人呢？是不是也该向她学习，大胆尝试一下？

事实上，国家也鼓励高校毕业生自主创业，以创业带动就业，为此出台了一系列鼓励扶持政策。有创业志向的毕业生可向当地人才服务部门申请免费培训，可以申请小额贷款，可以申请政策贴息，还可享受3年免税优惠等。起步条件不佳条件的年轻人可从小摊子、小门店、小本生意做起，凭自己的文化知识和聪明才智，谨慎经营，诚信经营，坚定信念，不怕吃苦，一步一步地向前走，自然会将小摊子做成大事业。当然，创业难也绝不是骇人听闻的传言，必须具备基本条件和基本素质，不可一哄而上。

只要毕业生认清形势，就业就不难了，创业成功的概率也就大多了。

理性分析创业失败原因

近来一项调查显示，越来越多的大学生毕业后选择创业，不少青年人认为，给人打工不如自己当老板，充斥在他们周围的，也是很多创业者成功的案例；然而，他们把问题想得太乐观了，据不完全统计，大学生创业成功率，远低于一般企业的创业成功率。

调查报告显示，我国高校缺乏系统的创业教育；青年在创业过程中，需要全方位的支持，而不仅限于资金。

那么，为何大多数人创业失败呢？

1.对前景预测过于乐观

一般创业者在投资前，都要对企业的前景、未来利润和经营状况进行预测。只是他们的预测大多是根据竞争对手的现状，靠想当然来完成，没有科学的依据。这样容易让创业者对前景盲目乐观，而忽视了潜在的威胁和障碍。其实，对创业前景的预测是需要下一些功夫的，要为每一个决策找到科学的市场依据。这就需要对所处行业的发展趋势、消费者的需求演变、竞争对手的经营能力等众多的市场要素和经营要素进行综合的分析和研究。

2.缺乏计划

创业投资的基础，是要有一个很好的计划。计划里要针对自己、针对市场作一个周密的分析：知道自己适合做什么，整理一下有哪些可以利用的社会关系，估计一下资金如何运转，再了解一下市场的需求以及类似创业的大致情况。

只有你准备充分了，你才能以最快的速度赚到钱。如果要赚到更多的钱，那就要看你对利润的把握。市场是由市场规律和国家调控来达到平衡的。投资大，风险大，自然收益也大。根据自己的情况选择一个合适的职业，是最为关键的。

3.资源不足

资源不足，是很多人在初次创业的时候遇到的问题。条件欠缺，使创业

成功率降低，然而，想要在创业之初就有完全充分的资源是不可能的。初次创业时，你至少要保证自己具备两个条件：一是要有进入一个行业的基本条件，这样你才能立足行业；二是具备独特性资源，这样你才能在同行中有自己的吸引人之处。

4.照搬照抄

照搬照抄的创业者，一般不会深入研究市场，只是看别人怎么做，自己就怎么做。因为他们看到的和学来的都是表面现象，自己的内部管理和经营理念等深层次的经营要素跟不上，所以别人能够成功，自己却只能失败。千军万马来挤独木桥，其结果是挤垮了一个原来很有前景的行业。

5.不熟悉投资环境

任何一项生意，都有相对复杂的投资环境。要全盘考虑区域经济环境、企业社区生存环境、市场环境、竞争环境、居民消费环境。这些投资环境在促进一些投资项目发展的同时，也可能会对另一些项目产生制约。投资者在选定一个项目后，要在何地经营，就先要对该地的投资环境作好考察，看投资环境是否适合经营，看投资环境能为企业发展带来哪些契机，又潜伏着哪些威胁，从而作出正确的决策。

6.市场运作盲目跟风

市场运作盲目跟风，一般是由于经营者缺少市场运作能力造成的。比如一商家打折酬宾，满大街的商家都跟着打折酬宾。这种盲目跟风的行为，只会让自己陷入恶性的价格战，最终的结果是所有的企业都无利可图。

7.缺乏市场营销意识

做任何生意都离不开营销，或是营销产品，或是营销服务。要研究市场，研究消费，以消费者的需求为中心，消费者需要什么，我们就生产什么、经营什么。只有在满足消费者需求的前提下，才能创造出投资者的经营利润。

8.缺乏创业精神

不怕苦、不怕累，勇往直前，不达目的决不罢休，这就是创业精神。任何人做任何事，都不能一蹴而就，创业尤其如此。在创业期间，其困难和挫折

是无法预料的，一个企业不可避免地会存在诸如销路、质量、管理、资金、人员等问题。一个没有创业精神的创业者是不会取得成功的。

生活中的人们，或许你已经经历过创业失败，那么，你是否反省过为什么失败？事实上，创业中，真正的财富都来源于深入了解和分析，绝不是凭运气获得，这就需要我们做足准备、做好计划，然后稳扎稳打地进行了解并实施。

向创业成功者学习经验

综观现代社会的创业史，我们会发现无数个令人敬佩的创业成功故事，这些成功者，他们并非一生下来就掌握某种本领或拥有异于常人的智慧，但是最终，他们都得到了命运的垂青。那些名人之所以会如此幸运，并不是因为上天的眷顾，而是因为他们不但有着难能可贵的精神，还作足了准备。那么，这些创业成功者身上有哪些值得我们学习的经验呢？对此，我们作出了总结：

1.有一份完整的创业计划书

我们创业必须制订一个完整的、可执行的创业计划书，即可行性报告，主要回答你所选的项目能否赚钱、赚多少钱、何时赚钱、如何赚钱以及所需条件等。回答这些问题必须建立在现实、有效的市场调查基础上，不能凭空想象，主观判断。根据计划书的分析，我们再制订出企业目标并将目标分解成各阶段的分目标，同时制订出详细的工作步骤。

2.要有周密的资金运作计划

资金如同企业的粮食，要保证企业每天有饭吃，不饿肚子，就要制订周密的资金运作计划。在企业刚启动时，一定要作好3个月以上或到预测盈利期之前的资金准备。

开业后，由于各种情况随时可能发生变化，比如，销售不畅、人员增加、费用增加等，因此要随时调整资金运作计划。而且，由于企业资金运作中

有收入和支出，始终处于动态之中，因此创业者还要懂得一些必要的财务知识。

3.为自己营造一个好的氛围

一些创业者缺少社会经验和商业经验，如果把自己独立放到整体商业社会，往往会难以把握。这时可以先给自己营造一个小的商业氛围，如进入行业协会就是比较有效的一条途径。创业者可以借助行业协会了解行业信息，结识行业伙伴，建立广泛合作，促成自己在行业中的地位和影响。同时，创业者可选择一个能提供有效配套服务的创业（工业）园区落户，借助其提供的优惠政策、财务管理、营销支持等服务，使企业稳定发展。另外，还可以找一个经验丰富的企业管理咨询师作为企业顾问，并学会借助各种资源，学会和各方面的人合作，千方百计地给自己营造一个好的商业氛围，这对创业者的起步十分重要。

4.从亲力亲为到建立团队

企业不是想出来的，是干出来的。年轻人有文化、脑子活、点子多，但在创业的初期，受资金的限制，在没有形成运作团队之前，方方面面的事情必须自己去做。只有明确目标、不断行动，才能最终实现目标。在做事的过程中，要分清主次轻重，抓住关键、重要的事情先做。每天解决一件关键的事情，比做十件次要的事情更有效。当企业立了足，并有了资金后，就应该建立一个团队。创业者应从自己亲力亲为，转变为发挥团队中每一个人的作用，把合适的工作交给合适的人去做。一旦形成了一个高效稳定的团队，企业就会跨上一个新台阶，进入一个相对稳定的发展阶段。

5.盈利是做企业的最终目标

做企业的最终目的就是盈利，因此无论是制订可行性报告、工作计划还是策划活动方案，都应该明确如何去盈利。大学生思维活跃，会有许多好的点子，但这些好的点子要想有商业价值，就必须找到盈利点。企业的盈利来源于用户，因此，企业要时刻了解最终的使用客户是谁，他们有什么需求和想法，并尽量满足他们。

6.失败是迈向成功的阶梯

在企业的运作过程中，失败是难免的。失败后，不要气馁，调整方案，换个方式和方法继续前进，永远不要停止前进的脚步。这对于创业者来说很重要！看看我们身边那些成功的企业，特别是网络时代的英雄们，有几个是按他们创办初期的想法赚到钱的？他们大都经历过一个“死而复生”的过程，坚持就是胜利，是坚持使他们成为今天的网络英雄。我们应该明白，失败并不可怕，它是企业迈向成功的阶梯。

创意带来商机，创新才能带来财富

我们都知道，自古以来，人类就是在连续的创新中不断进步的，可以说，如果人类没有创新，就会停滞不前。同样，对于个人来说，如何保持思维创新，直接关系到一个人的事业成败，因为只有创新才能激活自己全部的能量。有效的创新能点燃生命的火花，成为实现梦想的手段。谁有创新思想，谁就会成为赢家；谁要拒绝创新，谁就会平庸！

同样，对于二十几岁致力于创业的人们来说，只有创新才能带来财富，有创意才会有生意，只要你敢于创新，你就能与众非凡。

在中国家电行业，海尔早已被人们所熟知，而海尔之所以能做到经久不衰，源自其总裁张瑞敏的带领。张瑞敏在谈到海尔的发展和未来时说：“市场竞争太残酷了，只有居安思危的人才能在竞争中取胜。”从张瑞敏的话中，我们看到了创新在竞争中的重要性。在改革创新的大环境下，任何一个创业者，若不能把握创新的精髓，只能与财富无缘。我们不妨先来看看张瑞敏是如何激活海尔、实现成功创业的：

张瑞敏，全球享有盛誉的企业家，海尔集团创始人，现任海尔集团党委书记、董事局主席、首席执行官。在党内担任第十六、十七、十八届中央委员会候补委员。

1984年，张瑞敏临危受命，接任当时已经资不抵债、濒临倒闭的青岛电冰

箱总厂厂长。在28年的创业创新中，张瑞敏始终以创新的企业家精神和顺应时代潮流的超前战略决策引航海尔，持续发展。2012年，海尔集团全球营业额达1631亿元。据消费市场权威调查机构欧睿国际统计，海尔已连续四年蝉联全球白色家电第一品牌；并进入美国波士顿管理咨询公司（BCG）评选的2012年度“全球最具创新力企业”前十名，排名消费及零售类企业第一。

在海尔持续创新、不断壮大的进程中，张瑞敏确立的以创新为核心价值观的企业文化发挥了重要作用。在管理实践中，张瑞敏将中国传统文化精髓与西方现代管理思想融会贯通，“兼收并蓄、创新发展、自成一家”，从“日事日毕、日清日高”的OEC管理模式，到每个人都面向市场的“市场链”管理，张瑞敏在管理领域的不断创新赢得全球管理界的关注和高度评价。“海尔文化激活休克鱼”案例被写入美国哈佛商学院案例库，张瑞敏也因此成为首位登上哈佛讲坛的中国企业家。

张瑞敏认为，没有成功的企业，只有时代的企业，所谓成功只不过是踏准了时代的节拍。在互联网时代，张瑞敏的管理思维再次突破传统管理的桎梏，提出并在海尔实践互联网时代的商业模式——人单合一双赢模式，让员工在为用户创造价值的过程中实现自身价值；通过搭建机会公平、结果公平的机制平台，推进员工自主经营，让每个人成为自己的CEO。西方管理界和实践领域对海尔和张瑞敏的创新给予了较高评价，认为海尔推进的创新模式是超前的。2012年12月，张瑞敏应邀赴西班牙IESE商学院、瑞士IMD商学院演讲人单合一双赢模式，收到热烈反响。因其在管理领域的创新成就，张瑞敏获得“全球睿智领袖精英奖”“IMD管理思想领袖奖”，并荣获“亚洲品牌永远精神领袖奖”。

而令人们印象最深的一次事件是砸冰箱事件：1985年，张瑞敏当着海尔集团全体员工的面，将76台带有质量问题的电冰箱当众砸毁——因为他捕捉到了企业正处在急骤上升时期的致命的质量隐患和危机意识不足的管理信息。正确、及时的信息反馈，带来了“海尔砸冰箱”事件，砸出了海尔员工的危机感和责任感，砸出了一套独特的海尔式产品质量和服务管理理念：保护广大用户

利益，“真诚到永远”。正是这两条，使海尔集团由一个青岛日用电器小企业成长为今天的跨国集团公司。

在2006年11月出炉的中国第一份信誉调查报告——中国企业信誉100中，海尔成为排名最靠前的中国本地企业，排在总榜单的第六位。海尔夺得中国本土企业信誉榜榜首是人们预料之中的事，海尔在20世纪90年代初就确定了“首先卖信誉，其次卖产品”的理念，恰是从这一理念出发，海尔制订了创世界名牌的战略，并成为中国家电行业的巨人。

张瑞敏能走上成功之路，离不开两个字——创新。无论是经营还是管理企业，他都真正把创新的精髓运用其中。

其实每个人都有自己的创新意识，只是有的时候处于隐蔽状态，未曾开发出来而已。因此，致力于创业的人们，只要你敢于突破常规、敢想敢干，一样能够突破自我。

不得不承认的是，当前，新学科、新知识层出不穷，创业也不再和从前一样主要依靠人们的努力。在脑力制胜的年代，我们要做到创新，就要注意加强对新知识的学习，孤陋寡闻、学识浅薄的人，是不可能获得财富的。

第02章

坚持就是胜利？盲目坚持只会在错误的道路上越走越远

中国人常说，坚持就胜利，胜利是留给坚持到底的人的。诚然，不少成功者身上都有执着这一品质，然而，对于错误的道路，如果我们盲目坚持，只会与成功背道而驰。事实上，我们的人生道路都是自己走出来的，但摆在我们面前的，有时会有多种选项，需要我们作出决断；在这一决断的过程中，我们应当在正确分析各种情况、权衡利弊的基础上及时作出取舍。学会放弃，重新选择，是一种大智慧，是运筹帷幄、成竹在胸、充满自信的流露，只有敢于放弃，才能敛集无尽的财富。

别傻了，何必一条道走到黑

一直以来，中国人都比较推崇坚持的精神，郑板桥的“咬定青山不放松，任尔东西南北风”讴歌的便是执着、坚持。很多人认为，坚持就是胜利，其实不然，错误的坚持有时不过是一种自欺。在这个世事难料的世界，种种的原因都可能会导致我们的美梦难圆。很多时候，当这条路行不通的时候，与其错误地坚持下去，不如明智地放弃，然后另选一条捷径。

而现实生活中，一些人在人生发展的道路上总是愿意一条道走到黑，他们浑浑噩噩地度过每一天，在错误的道路上越走越远，甚至在追逐已定目标的道路上逐渐迷失了自己。但如果你能准确地定位自己，认清自己，看到自己的价值，并懂得适时放弃错误的选择，那么，你就能充分挖掘到自己内在的动力，然后朝着正确的方向努力，你就能做回自己，充分发挥自己的价值。

智者总是择善而行，懂得适时地放弃。坚持真理是人们所称颂的，而不辨是非、坚持错误的行为无疑是愚蠢的。如果一个人总是错误地对一切进行坚持，最终留下的将是难过与悔恨。

从前，有一位神父游历来到了一个小村庄，当他正在这个村庄的教堂里祈祷时，天空忽然下起了瓢泼大雨，洪水顿时席卷了这个小村庄，并一下子淹到了他跪着的膝盖上。一个警察匆忙地赶到教堂，对神父说：“神父，请你赶快离开这儿吧！不然，你一定会被洪水冲走的！”神父却坚定地说：“不，我

不走！我坚信仁慈的上帝一定会来救我的，你先去救别人吧！”

过了一会儿，洪水没过了神父的胸口，神父只好勉强地站在祭坛上。这时，一个救生员开着救生艇经过这里，看到神父便对他说：“神父，赶快上来吧，不然你一定会被淹死的！”神父还是执着地说道：“不，我要坚守着我的教堂，相信慈悲的上帝一定会将我从洪水之中救出去的。你赶快先去救别人吧！”

又过了不久，洪水把整个教堂都淹没了，神父只好死死地抓着教堂最项端的十字架，在滚滚的洪水中坚持着。一架直升飞机缓缓地飞到了教堂上方。飞行员丢下悬梯，大喊道：“神父，快上来吧，这是最后的机会了，我们可不愿意看到你被洪水冲走！”神父依然意志坚定地说：“不，我要守住我的教堂！上帝绝对会来救我的。你去救其他人吧，上帝会永远与我同在！”

固执的神父最终没能逃脱被滚滚洪水冲走的命运……

神父到了天堂，见到上帝后就生气地质问道：“主啊，我一生勤勤恳恳地侍奉您，信任您，为什么在我遇到危难的时候，您却不肯来救我呢？”上帝说：“我怎么不肯救你了？第一次，我派人劝你离开那危险的地方，可是你却坚决不肯；第二次，我派了一只救生艇去救你，但你还是一意孤行不肯离开；第三次，我以对待国宾的礼仪待你，又派了一架直升飞机去救你，结果你还是不愿意接受我的救助。于是，我也没有办法救你了。我想，你拒绝别人的救助，或许是因为急着要回到我的身边来，可以好好陪伴我吧，那我就只好成全你啦！”神父顿时哑口无言。

这个故事告诉我们，错误的坚持是不可取的，在人生的旅途中，我们经常会遇到许多分岔口，与其盲目地前行，不如在适当的时候停下来想一想，什么才是自己的需要，什么能使自己更快地走向成功。选择是人生成功道路上的必备路标，只有量力而行、明智选择，才能拥有辉煌的成功，而那些错误的坚持是要不得的。就像这位神父一样，本来有三次求生的机会，但是因为他的错误坚持，最后把这些机会都放弃了。

与其错误地坚持下去，不如明智地放弃，然后另选一条捷径。

坚持其实是一种追求卓越的优秀品格，但是，当出现在我们面前的是一座无法逾越的大山时，我们所需要的不是一条路走到黑的执着。这时，放弃这个错误坚持更加重要，然后再作明智的选择，走另外一条路。天无绝人之路，上天在关掉一扇门的同时，也会为你再开一扇窗，所以，对于错误的坚持万万要不得，我们需要的是灵活应变，而不是盲目的执着。

总之，对于那些错误的坚持，该放手的时候就要明智地放开手。对于一件没有结果的事情过于坚持是错误的，明知道这是一条走不通的死胡同，却还要继续往前走，那么最终面临的只能是痛苦悔恨与虚耗光阴的结局。

在错误的道路上坚持，毫无意义

我们都知道，执着是一种良好的品质，是认准了一个目标一心一意地坚持执行，无论在前进中遇到任何的障碍，都决不后退，努力再努力，直至目标实现，因此，执着被人们公认为一种美德。然而，过分执着就变成了固执，这是一种弊病。固执的人之所以固执，是因为他们对于自己要做的事心存执念，他们认准了目标后便不再回头，撞了南墙也不改变初衷，直至精疲力竭。因此，有时候，要想重新审视自己的行为，就必须首先放下那些无谓的执念。在《郁离子》里有这样一个故事：

一个年轻人在路上碰到了一位老者，这位老者正坐在路旁哭泣。这个年轻人感到有点好奇，于是上前询问："老人家，您为什么这么悲伤啊？"

老人抬头看了他一下，回答道："我的命真苦啊！我年少时，当权的皇帝喜欢与武者交往，于是我便拜了一位武者为师，可待我学成之后，那位喜用武者的皇帝已经驾崩了。新上任的皇帝喜欢文士，于是我又拜了一个秀才为师。待我学成后，新任国王却又喜欢年少者为师，而我那时已两鬓斑白。就这样，我最后一事无成。现在我走在街上，忽然想起了这些经历，所以才在此痛哭啊！"

这位老者文武俱通，不可不谓人才，但他不懂得放下，因此到最后一事无成。事实上，人的生命毕竟是有限的，有时候，我们对于某些目标的构想也都是幻想，是不可能实现的，如果你把你毕生的时间都花在了坚持那些无谓的执念上，那么，当你年迈之时，只能悔之晚矣。只有学会放下那些执念，你才可能拥有充实的人生，不后悔自己的生命。

老鼠钻到牛角尖里去了，它不但不往回跑，还拼命往里钻。

牛角对它说："朋友，请退出去，你越往里钻，路越狭窄，且前面也没有出路。"

老鼠生气地说："哼！我是百折不回的英雄，只会前进，决不后退的！"

牛角无耐地说："可是你的路走错了啊！"

老鼠还是固执地坚持自己的意见："谢谢你，我这一生从来就是钻洞过日子的，怎么会错呢？"

不久，这位"英雄"便活活闷死在牛角尖里了。

故事中的小老鼠，因为自己的执念，最终死于牛角之中。

其实，生活中的我们也应该想一想，我们是否也心怀执念而让自己钻入了死胡同。坚持多一点就变成了执着，执着再多一点就变成了固执。人应该执着，但不应该错误地坚持一种想法，有时候，你可能没意识到的是，你坚持的想法是虚妄的。因此，我们应当学会放下，找到新的出路，重新审视自己的生活。

王杰在《英雄记钞》中曾经记载过这样一个故事：诸葛亮、徐庶、石广元、孟公威等人一道游学读书，"三人务于精熟，而亮独观其大略"。三人都想将所读之书背熟，这势必会费许多时间，而孔明是很高明的，他舍去了精细的内容，只观大略，于是有了天文地理无所不精的本事。可见，放下，有时可以拿起更多。

鲁迅少年时求知欲很强，读了好多书，后又学医，但最终弃医从文。血腥的事实让他明白，学医可以治有限的人的生命，却救不了全中国大多数人麻木的心灵。他果断放弃医学，挥舞一支既可当匕首又可当投枪的大笔，解剖

“国民性”；对着铁屋子，呐喊复呐喊，鼓舞了无数热血青年。可见，放下一些次要的，可以拿起更好的。

由此可见，我们在生活中应当学会经常放下，只有这样，我们才能在不断的放下中成长而取得进步。

而那些心怀执念的人似乎总是比较爱认死理，他们非常在乎、介意自己的想法与看法，或自己的立场、态度以及身份；只要是与自己相关的一切，乃至于任何观念，他们都很在乎。古往今来，那些太过执着的人往往就因为不愿放下那些所谓的执念而让自己陷入死胡同中，比如，刘备固执于为关羽报仇，不愿听众将劝告，以举国之兵伐吴，终大败而归，身死于白帝庙；宋江固执于接受招安，时机不对，葬送了农民起义；马谡不听王平劝谏，固执己见，痛失街亭。

可见，在我们的人生中，执着固然是可取的，但绝不可固执。比如，那些已经被得知或者求证、已经板上钉钉儿的不可能成为现实的目标，你就必须果断地放弃；在现实世界中完全不能被应用的目标，你也必须理智地放弃；权衡利弊之下，得出的结论是完全没有必要实施的目标，你也必须放下……

适时放弃才是明智之举

人生在世，我们想要的实在太多，我们也曾有自己的梦想；但我们想要的，并不是都能得到，我们的梦想也不一定都能实现。社会大舞台上，每个人都是自己生活和生存方式的编导兼演员，只有学会正确地进行选择，有所为，有所不为，学会放弃，才能演绎出精彩的人生戏剧。因此，哲人常说，适时放弃才是明智之举。

人们执着的东西有太多，或执着于名与利，或执着于一份痛苦的爱，或执着于某个虚无的梦想。直到数十年的光阴逝去，才感叹人生的无为与空虚。很多时候，我们因为太过固执，总认为自己一定要怎么样，此时，所谓的理想

已经成为了束缚我们的锁链。

其实，很多时候，人们放不下内心的执着，多半是因为他们做不到静下心来思考。如果一味人云亦云、追寻他人的脚步，我们自然无法作出明智的抉择。

因此，当你处于困顿之中，不知如何选择时，不妨沉静下来，给自己一段独立思考的时间，相信你能找到答案。

俗话说，拿得起，放得下；反过来理解，放得下的人，才能拿得起。该扔的就扔，有些无谓的坚持是没有任何意义的。放下既是一种理性的决策，也是一种豁达的心胸。当你学会了放下，你就会发现，你的人生之路宽广了很多。

19世纪，在美国西部，掀起了一股淘金热，千万人涌入那里。虽然成功者不少，但在历史上留名的却很少。然而，那些围绕淘金热成为富人的卖水者、卖牛仔裤的人，却成了一个个的传奇，被后人景仰。原因就在于，淘金者干的是力气活，而围绕淘金服务的成功者干的是脑力活，善于思维者才能不断成功。牛仔裤的发明者李维·施特劳斯，就是这股淘金热中不朽的传奇。

李维·施特劳斯，第一个发明牛仔裤的人，创立了著名品牌“Levi’s”。1979年，李维公司在美国国内总销售额达13.39亿美元，国外销售盈利超过20亿美元，雄居世界十大企业之列，他由此成为最富有的牛仔裤大王。

李维斯年轻的时候，带着梦想前往西部追赶淘金热潮。一日，他突然间发现有一条大河挡住了他往西去的路。苦等数日后，被阻隔的行人越来越多，到处是怨声一片。而心情慢慢平静下来的李维突然有了一个绝妙的创业主意——摆渡。由于大家急着过河，所以没有人不坐他的船，迅速地，他获得了人生中的第一桶金。

渐渐地，摆渡生意开始清淡。李维决定继续前往西部淘金。来西部淘黄金的人很多，却没有卖水的人，所以，水在这个地方成了最珍贵的东西。不久，李维卖水的生意便红红火火。后来，同行的人也越来越多。终于有一天，在他旁边卖水的一个壮汉对他发出通牒：“小伙子，以后你别来卖水了，从明天早上开始，这儿卖水的地盘归我了。”他以为那人是在开玩笑，第二天仍然来了，没想到那家伙立即走上来，不由分说，便对他一顿暴打，最后还将他的水车也一起拆烂。李维不得不再次无奈地接受现实。然而当这家伙扬长而去时，他却立即又有了一个绝妙的好主意——把那些废弃的帐篷收集起来，洗干净后，缝制成衣服，那么一定会有人愿意买。就这样，他缝成了世界上第一条牛仔裤。从此，他一发不可收拾，最终成为举世闻名的“牛仔大王”。

尽管世界著名服装设计师的名单中并没有李维·施特劳斯，但没有一位服装设计大师的作品能像牛仔裤那样遍及全世界，而且历久不衰。经过140多年的发展，李维斯公司已发展成为在世界十多个国家和地区开办了近40个生产经营机构的国际公司，年产牛仔裤超亿条。如今，虽然世界上已出现众多牛仔裤品牌，但李维斯牛仔裤在世界70多个国家的销售量仍稳居第一。

聪明的人总是能寻找到成功的机遇，而绝不错误地坚持，李维的成功就说明了这一点。

在追求目标的路上，要审慎地运用你的智慧，作最正确的判断，选择属于你的正确方向。同时，别忘了随时检视自己选择的角度是否产生偏差，适时地进行调整，时时留意自己执着的意念是否与成功的法则相抵触。追求成功，并非意味着你必须全盘放弃自己的执着，去迁就成功法则。你只须在意念上作合理的修正，使之契合成功者的经验及建议，即可轻松地走上成功之道。

前进路上，一旦有疑虑，就果断收场

我们都知道，做任何事，都要有锲而不舍的精神，我们也不得不承认，一些人正是因为有锲而不舍的精神才最终迎来了成功。但在思维活动中，并不是所有的坚持都会迎来成功，错误的坚持有时就是钻牛角尖。很多时候，当这条路行不通的时候，与其错误地坚持下去，不如明智地放弃。以投资活动为例，投资首先要考虑的就是止损，其次才是盈利，所以，一旦我们产生了疑虑，就要果断收场。在我们的身边，常有这样的投资者：当他们发现了亏损的

苗头后，仍抱有侥幸心理，认为市场情况会有变化，从而错过了最佳的卖出时机，让自己一亏再亏，最终无法收场。

人们常说，生活就像海洋，只有意志坚强的人，才能到达彼岸。但意志坚强并不等同于固执保守，在选择面前，放下无谓的固执，冷静地用开放的心胸去作正确的抉择，才能让你永远走在通往成功的坦途上。

两个贫苦的村民靠上山捡柴糊口。有一天，他们在山里发现两大包棉花，两人喜出望外。棉花的价格高过柴薪数倍，将这两包棉花卖掉，可供家人一个月衣食丰足。当下，两人各自背了一包棉花，赶路回家。

走着走着，其中一名村民眼尖，看到山路上有一大捆布。走近细看，竟是上等的细麻布，有十多匹。他欣喜之余，和同伴商量，一同放下肩负的棉花，改背麻布回家。

他的同伴却有不同的想法，认为自己背着棉花已走了一大段路，到了这里丢下棉花，岂不枉费自己先前的辛苦？因此坚持不换麻布。先前发现麻布的村民屡劝同伴未果，只得自己竭尽所能地背起麻布，继续前行。

又走了一段路后，背麻布的村民望见林中闪闪发光，待走近一看，地上竟然散落着两坛黄金，心想这下真的发财了。他赶忙邀同伴放下肩头的棉花，改用挑柴的扁担来挑黄金。

同伴仍是不愿丢下棉花，并且怀疑那些黄金不是真的，劝发现黄金的村民不要白费力气，免得到头来一场空欢喜。

发现黄金的村民只好自己挑了两坛黄金和背棉花的伙伴赶路回家。走到山下时，无缘无故下了一场大雨，两人在空旷处被淋了个湿透。更不幸的是，背棉花的村民肩上的大包棉花吸饱了雨水，重得再也背不动，那村民不得已，只能丢下一路辛苦背负、舍不得放弃的棉花，空着手和挑黄金的同伴回家去。

故事中的这两个村民为什么在收获上有如此的不同？很简单，因为背棉花的村民不懂变通，只凭一套哲学，便欲强渡人生所有的关卡；而另外一个村民则善于及时审视自己的行为。在追求目标的路上，我们要审慎地运用智慧，作最正确的判断，选择属于自己的正确方向。

当然，可能你会产生疑问：我该怎样判断自己现在的选择是否正确呢？对此，你有两种方法可以鉴别：第一，如果你通过反复求证发现此种方法行不通，那么，你便可以摒弃这种方法了；第二，询问有经验者的意见。比如，你不知道你所投资的基金是否正确，那么你可以询问你的基金经理人的意见。

无论如何，当你对自己脚下的路产生疑虑时，也就是你该反省的时候了。因为在投资中，对于我们所投资的项目或领域，只有我们自己最了解；而疑虑的产生，说明出现了某些问题，此时，我们就该反省了，然后找出问题，及时悬崖勒马。

总之，你需要明白，坚持错误的思路就是钻牛角尖，做任何事，都必须有风险意识，也就是要懂得作止损计划，并坚决执行，只有这样，才能将风险控制在最小范围内。

第 03 章

凡事靠自己？告诉你，有些路太难走，是因为没有找到捷径

我们都知道，在这个分工越来越明确的时代，要想获得财富，就不要仅凭单打独斗，“凡事靠自己”已经行不通了；要获得成功，就必须懂得借力，仅凭一个人的能力是很难完成自己的事业的。只有人们愿意帮你，不断地给你提供各种资源，你才能有更多成功的机会。

别傻了，绝大部分单打独斗的人都处处碰壁

生活中，相信不少人都听过长辈们这样的教诲：凡事靠自己！意思是鼓励我们独立自主，靠自己的努力寻求成功。然而，我们每一个人，都不能只生活在自己的小世界里，都必须接触社会；一个人要想成就一番事业，仅靠单打独斗是不可能的。俗话说 “一个篱笆三个桩，一个好汉三个帮”，“在家靠父母，出门靠朋友”。世界首富比尔·盖茨经常被问到如何成为世界首富，他每一次的回答都是：因为我请了一群比我聪明的人来帮我工作。所以说，一个人的成功并不取决于他自己的力量有多大，而是取决于他能够借助别人力量的能力有多强。因此，如果你觉得脚下的路太难走，那么，很有可能是因为你没有找到捷径。现代社会，我们任何人想要拥有财富，都要懂得借力，都要懂得与人合作。

我们先来看下面一个故事：

小王从小就有个梦想，那就是当一名演员，如今，他遇到的苦恼是，虽然自己长相很好，也很有实力，但一直缺少崭露头角的机会，那些名导演、名制片人似乎都不愿意与人合作。因此，提高自己的知名度是他当下的工作。他非常需要一个公共关系公司为他在各种报刊上刊登他的照片及有关他的文章，但是他没有钱，也没有机会。

一次，偶然的机会，他在朋友的聚会上认识了莎莉文，这是个很会交际

的女孩，她曾经在纽约一家最大的公共关系公司工作过好多年，不仅熟知业务，而且有较好的人缘。几个月前，她自己开办了一家公关公司，并希望最终能够打入有利可图的公共娱乐领域。但是让她烦恼的是，到目前为止，一些比较出名的演员、歌手、夜总会的表演者都不愿与她合作，她的生意主要还是靠一些小买卖和零售商店。

于是，小王和莎莉文立即联手。小王成了莎莉文莎莎新公司的代理人，而莎莉文则为他提供出头露面所需要的经费。这样小王不仅不必为自己的知名度花钱，而且随着名声的扩大，也使自己在业务活动中处于一种更有利的地位。同时莎莉文也借助小王的名气变得出名了，很快就有一些有名望的人找上门来。二人各取所需的合作达到了最高境界，他们的关系也因此变得更加牢固。

从小王的故事中，我们发现，当今社会，如果你想成功，如果你想获得财富，那么，你就必须学会与人合作，而人脉的最高境界就是互利，合作的前提也是如此。

俗语说：单丝不成线，独木不成林。任何大事都是由众人合作完成的，绝不可能仅凭个人的能力。没有李鸿章等一批将才的鼎力协助，曾国藩很难完成挽救晚清的大业；没有汉初三杰和豪杰们的合作，刘邦不可能建立汉朝；没有桃园三结义，刘备怎么可能三鼎天下；没有瓦岗排座次，褐衣公子如何会有成就！由此可见合作的重要性。

那么，具体来说，我们该如何与人合作呢？

1.消除心理成见

可能你会认为，从寻求合作为前提建立起来的友谊不就是功利性的了吗？可是，哪一段友谊能完全摒弃功利呢？完全没有功利色彩的友谊是不存在的。举个很简单的例子，当你认为某个人身上有你没有的技能时，你会选择与之结交；但当你发现他其实是个腹中空空的草包时，你恐怕就不会再有热情同他交往了。生活中，我们经常听到一些人抱怨朋友不讲交情，不够哥们儿。其实，引起抱怨的主要原因就是自己的某种需求没有得到满足，而这种需要何尝

不是功利性的呢?

谁不希望结识那些能力强的人呢?那些能力强的人往往能帮助我们找到财富之源。可以假设一下,如果对方能为你提供一次做大生意的机会,你会拒绝吗?

2.学会为人所用,体现自己的价值

"被利用"的价值,这个词听起来好像也过于功利了,而人际关系心理学家认为,只有互惠互利的人际关系才是健康的、长久的。虽然我们的社会提倡奉献和利他精神,但这是一种最高层次的人际交往境界,很难要求所有人都做到这一点。

朋友之间的关系不是索取和奉献,而是彼此互求互助。由此可见,如果你想赢得朋友,那就必须在你们之间有种互利关系,这是你们关系稳定的一个基本要素。

人之所以需要与人交往,多半时候,都是想从交往对象那里满足自己的某些需求,这种满足,既有精神上的,也有物质上的。所以,按照人际交往的互利原则,人们实际上采取的策略是:既要讲感情,也要有功利。可以说,人际交往中的互惠互利合乎我们社会的道德规范。

当然,好的人际关系还需要你来培养,只有用真诚和爱心,才能巩固起你的人际关系;也只有团结他人,你手中的力量才会更强大。一个人无论多么能干,多么聪明,多么努力,如果他不能或是不愿意与团体一起合作,那么日后也绝不会有什么大成就。

成功者都善于借势

自古以来人们就讲究"天时、地利、人和",认为只有三者齐备方能成就大事。实际上,这都是借外力而为,顺势成事,这是真正的大智慧。所以,当我们直接向前行进却难以取得大的成就的时候,不妨舍弃坚持,借力行事,

顺势而为之，如此必将成就大事。

东汉末年，曹操率大军想要征服东吴，孙权、刘备联合抗曹。孙权手下有位大将叫周瑜，智勇双全，可是心胸狭窄，很妒忌诸葛亮（字孔明）的才干。因水中交战需要箭，周瑜要诸葛亮在十天内负责赶造十万枝箭，哪知诸葛亮说只要三天，还愿立下军令状，表示若完不成任务甘受处罚。周瑜想，三天不可能造出十万枝箭，正好利用这个机会来除掉诸葛亮。于是他一边叫军匠们不要把造箭的材料准备齐全，一边叫大臣鲁肃去探听诸葛亮的虚实。鲁肃见了诸葛亮，诸葛亮说："这件事要请你帮我的忙。希望你能借给我二十只船，每只船上三十个军士，船要用青布幔子遮起来，还要一千多个草把子，排在船两边。不过，这事千万不能让周瑜知道。"鲁肃答应了，并按诸葛亮的要求把东西准备齐全。两天过去了，不见一点动静，到第三天四更时候，诸葛亮秘密地请鲁肃一起到船上去，说是一起去取箭。鲁肃很纳闷。诸葛亮吩咐把船用绳索连起来向对岸开去。那天江上大雾弥漫，对面都看不见人。当船靠近曹军水寨时，诸葛亮命船一字摆开，叫士兵擂鼓呐喊。曹操以为对方来进攻，又因雾大怕中埋伏，就派六千名弓箭手朝江中放箭，雨点般的箭纷纷射在草把子上。过了一会儿，诸葛亮又命船掉过头来，让另一面受箭。太阳出来了，雾要散了，诸葛亮令船赶紧往回开。这时船两边的草把子上密密麻麻地插满了箭，每只船上至少五六千枝，总共超过了十万枝。

船队返营后，共得箭10余万枝，为时不过三天。鲁肃目睹其事，称诸葛亮为"神人"。诸葛亮对鲁肃讲：自己不仅通天文，识地理，而且知奇门，晓阴阳，更擅长行军作战中的布阵和兵势，在三天之前已料定必有大雾可以利用。他最后说："我的性命系之于天，周公瑾岂能害我！"当周瑜得知这一切以后，大惊失色，自叹不如。

诸葛亮草船借箭的成功，得益于他观天象、晓地理，雾中的战场是他预料中的作战情形，如此，他自然能运筹帷幄，不费吹灰之力得来曹军所赐的"战利品"，从而让周瑜输得心服口服。

我们都知道，曾国藩是中国近代史上有着巨大影响的人物。梁启超对世

人说："曾文正者，岂惟近代，盖有史以来不一二睹之大人也已；岂惟我国，抑全世界不一二睹之大人也已。"毛泽东对友人黎锦熙说："愚于近人，独服曾文正，观其收拾洪杨一役，完满无缺。使以今人易其位，其能如彼之完满乎？"

曾国藩之所以能获得幕僚敬仰、后世称道，其中重要的原因就是他懂得借势生风。清末，农民起义风起云涌，内忧外患，曾国藩借势崛起，事功莫大。也由于曾国藩礼贤下士、擅纳同类，因此，一大群和曾国藩的经历、志向、精神状态都颇为相近的文人武夫纷纷云集其周围。这些人为曾国藩打败太平军、捻军出谋划策、摇旗呐喊，也和曾国藩一道诗酒酬酢、论文说道。

可以说，犹太人是精于借势的最佳楷模。犹太人不论在商界还是科技界，都有众多的成功者，而这些人普遍都具有善于借助别人之智的本领。

经营大陆谷物总公司的犹太人密歇尔·福里布尔，就懂得这一道理，进而将一间小食品店发展成为一家世界最大的谷物交易跨国企业。密歇尔不惜花重金聘请具有真才实学的高科技人才来为自己效力；另外，他还引进了先进的通信科技设备，使其公司信息灵通，操作技巧精通，竞争能力总是胜人一筹。虽然他付出了很大代价才取得这些优势，但他借用这些力量和智慧赚回的钱远比他支出的多得多，可谓"吃小亏占大便宜"。

独木不成林，单打独斗并不是明智的方法。那些事业有成的人，除了自身拥有智慧和能力外，更懂得运用借势的智慧。一个人再聪明，条件再优越，也不是三头六臂，也需要借助他人的力量。由此可见，一个人要想成功，就应该懂得借势，而且要在生活实践中灵活地借势。

我们现实生活中的每个人，都应该学习借力打力的智慧。在竞争激烈的今天，那些实力弱小的人，仅凭自己的力量是很难获得成功的，我们只有发现并利用有利于自身发展的资源，才能为自己开拓更为广阔的天地。

为自己找一个“靠山”

人生世上，每个人都是在一定的的社会环境中生活的，是在一定的社交圈子中来往的。正如一位名人所言：“人是社会关系的总和。”人们参与社交，都希望能结交有助于自身发展的人士，也就是人们常说的“靠山”，而靠山就是我们说的“贵人”与“贤人”，遇上“贵人”与“贤人”，必定“大富大贵”。正如有位名人所说的：“一个人能否成功，不在于他知道什么，而是在于他认识谁。”然而，认识贵人并不一定能获得贵人的相助，这还要看我们是否懂得灵活应变，是否能见机行事。事实上，智者都懂得为自己寻找这样一位靠山。

我们知道，曾国藩是清末一代名将。

一天，闲来无事，他叫来幕僚们，一起谈论天下英雄豪杰。提到英雄，他说：“彭玉麟与李鸿章均为大才之人，我自知不如他们，虽然我也可以自我吹嘘一番，但我实在不屑。”

一位幕僚逢迎说：“不见得如此，他们三位各有所长，彭公威猛，人不敢欺；李公精敏，人不能欺。”说到这里，他忽然不知道该如何评价曾国藩了，于是，顿时语塞。见有人要对自己评价，曾国藩好奇之心上涌，便穷追不舍：“那么我呢”？大家你看看我，我看看你，都找不到恰当的词语来赞美曾国藩，个个哑口无言。

恰在此时，一个聪明的幕僚站出来，说道：“曾帅仁德，人不忍欺！”众人拍手称赞。

曾国藩十分得意，心中暗想：“此人大才，不可埋没。”不久，曾国藩升任两江总督，那位机敏的下属担任了盐运使这个要职。

那位幕僚为什么能获得曾国藩的器重？因为他懂得见机行事，当大家都语塞、十分尴尬时，他却能把对曾国藩的恭维话说得恰到好处，让曾国藩心花怒放，最终为自己的前途迎来了机遇。

自古以来，那些飞黄腾达者，无不具有这种把握交际氛围的本领，他们

总是能说出对味的话，让贵人很受用。现代社会的我们，也应该练就这种本事，与贵人交往时，首要的任务是根据各个方面的信息，分析出他的真实内心，然后再对症下药，巧妙引导。

如果你想要成就一番事业，那就应该从现在开始考虑如何构建能够支撑你的梦想的人际关系网络，并从中找到自己的“靠山”。

那么，我们该如何把握圈子中的“风向水势”，最终获得贵人青睐呢？

1.学会跟随“权重”

精明的人在踏进某个人脉圈子的那一刻起，就会对圈内的所有人作一个“分量评估”，并制订一份结交各类人士的计划。“背靠大树好乘凉”，这是我们都懂的道理，若赤手空拳、摸索着前进，很容易让你碰得头破血流。

2.跟随权重，但不可与之拉帮结派

吴飞从新闻系毕业后，就一直做记者，他非常喜欢记者这个工作。他目前所供职的这家杂志社主要做汽车类的期刊，吴飞对于汽车还是比较有研究的，也非常喜欢。所以，一直以来，他都非常努力，而且对上司和同事也非常热情。

就在一个月前，上司把吴飞叫到办公室谈话。得知这个小伙子是外地人，出于对属下的关心，上司对他说：“在这里工作，大家都不是外人，你就把我当成你的朋友，有什么话，就直接对我说，有什么解决不了的问题，只要我能帮你的，我尽量帮你。”初来乍到的吴飞听了很感动，拉着上司的手说：“我自己在外头已经三年了，三年来这是我听到的最感动的话了，从今天起，我一定好好工作。我就叫你大哥吧，正好我也没有大哥。”上司听了，微微一笑。

谁都知道这不过是上司对下属关心的一个表现，但吴飞偏偏多想了，他在外那么多年，有人这么关心自己，还是自己的上司，顿时感觉自己好像有了归属一般。

第二天，吴飞有个项目要向上司交代，顺口就叫：“大哥，你看我的方案对吗？”上司当时愣了一下，所有的同事都转过头看着他们，这时，吴飞

微笑着说："我和上司昨天刚拜过把子。"大家都没有说什么，低下头继续工作了。

事后，上司将吴飞叫到他的办公室，说："我们之间的交往再深，你也不要在同事面前表现出来，这样对我们俩都没有什么好处，将来我如果重用你，他们会说我假公济私，你明白吗？"顿时，吴飞觉得脸发烫……

3.真诚结交

若想结交到真正能帮助自己的朋友，你也要对他人付出真诚，不要只是为了利用他人才与之交往，你对别人好与不好，别人会看得清清楚楚。结交朋友虽出于偶然，但是哪些是真正值得交往的朋友，要经过郑重的考虑和长时间的相处才能判断。

总之，如果我们想要借势，就要懂得为自己找个"靠山"，为此，我们可以根据自己的人脉发展规划，列出需要开发的人脉对象所在的领域，然后创造机会采取行动。

思维灵活，就能找到捷径

现代社会，人与人之间的所有竞争都可以归结为头脑的竞争，也就是思维的竞争。因为思维不仅会催生出创意，指导实施，更会在根本上决定成功。而很多人都没有意识到的是，思维决定行动，我们做事的效能如何，决定于我们的思维活动。

任何一个人，无论做什么事，要想改变和优化结果，首先就要从改变自己的思维开始。我们在寻找解决问题的方法时往往倾向于把事情考虑得过于复杂化，其实事情的本质是很单纯的。表面看上去很复杂的事情，其实也是由若干简单因素组合而成的。卡曾斯说："把时间用在思考上是最能节省时间的。"这是一句非常有哲理的话。通俗的说法是做事要动脑子，对一件事情分析认识得不透彻，就很难找到正确的方法，不能对症下药，自然就无法以最短

的时间到达目的地，可以说思考是提高效能的唯一捷径。因此，在我们的工作和生活中，我们每个人都应该养成多动脑的习惯，从而以最快的速度解决问题。

加里·沙克是一个具有犹太血统的老人，退休后他在学校附近买了一间简陋的房子。住下的前几个星期还很安静，不久有三个年轻人开始在附近踢垃圾桶闹着玩。

老人受不了这些噪声，出去跟年轻人谈判。“你们玩得真开心。”他说，“我喜欢看你们玩得这样高兴。如果你们每天都来踢垃圾桶，我将每天给你们每人一块钱。”

三个年轻人很高兴，更加卖力地表演“足下功夫”。不料三天后，老人忧愁地说：“通货膨胀减少了我的收入，从明天起，只能给你们每人五毛钱了。”年轻人显得不大开心，但还是接受了老人的条件。他们每天继续去踢垃圾桶。

一周后，老人又对他们说：“最近没有收到养老金支票，对不起，每天只能给两毛了。”“两毛钱？”一个年轻人脸色发青，“我们才不会为了区区两毛钱浪费宝贵的时间在这里表演呢，不干了！”从此以后，老人又过上了安静的日子。

按照一般人的想法，肯定是强制性赶走制造噪声的人，但至于是否奏效则没有保障。犹太老人用了一个看起来很傻的办法，却达到最终想要的效果。

的确，思路一变天地宽，很多时候，在看起来无路可走的情况下，只要能转换思考的角度，你就能找到出路。

某时装店的经理不小心将一条高档呢裙烧了一个洞，其身价一落千丈。如果用织补法补救，也只是蒙混过关，欺骗顾客。这位经理突发奇想，干脆在小洞的周围又挖了许多小洞，并精于修饰，将其命名为“凤尾裙”。一下子，“凤尾裙”销路顿开，该时装商店也出了名。

很多时候，一个金点子，花费不多，却拥有点石成金的力量。只有看到别人看不到的东西，才能做到别人做不到的事。灵活的头脑和卓越的思维为我

们提供了这种本领，只要我们深入地洞察每一个对象，就能在有限的空间，成就一番不平凡的事业。

这里，我们看到了思维的力量，我们也应该锻炼自己的头脑，扩展自己的眼光和思维。因为这是一个脑力制胜的年代，谁的想法更高明、更有效，谁就更容易高效能地做事，也更容易提升自己的价值。

事实上，我们任何人，无论做什么，都要有灵光的头脑，善于运用创造性思维，不能钻牛角尖。这条路走不通，不妨转换一下思维，何不尝试下反过来思考，先找问题的本质？思维一变天地宽，勤思考，善于逆向、转向和多向思维的人，总能找出解决问题的方法，总能以最少的力气，获得最满意的效果。

然而，人的思维方式常常受制于既有的知识和经验，你想问题和看问题的方式是很难从既有的知识和经验中跳出来的。这就是法国心理学家缪勒发现的思维定式。他提出，在人的意识中曾出现过的观念，有不断重复出现的趋势。这正应了生物学家贝尔纳的一句话："妨碍人们学习的最大障碍，并不是未知的东西，而是已知的东西。"

事实上，生活中，很多人之所以在某些事情上失败，就是因为他们一直在做无用功。如果你也是个不爱动脑的人，那么，你不妨试着学会思考，这样你就会发现积极思考的惊人力量，任何困难和失败均能通过它来解决，即使是那些杂乱无章的事情，只要你运用思考的力量，就能将它们一一捋顺。思考不是"无用功"的代名词，而是"节能、省力"的法宝，它能令我们摆脱困境，化解难题。

总之，面对看似杂乱无章的事情，只要你能开动大脑，跳出固有的思维框架，就能抓住问题的实质，就会得出异乎寻常的答案。

第 04 章

非黑即白？告诉你，这个世界没有你想象得那么美

辩证法告诉我们，世间的人和事，都没有绝对的是非善恶，也并非非黑即白。世事都是变化发展的，都有表面现象和本质之分、主观意识和客观规律之分、祸福相依之理……那么，你还在为那些所谓的仇恨伤神吗？你还在被那些表象诱惑吗？你还在坚持你那些所谓的真理吗？其实，这是为人处世的大忌，这不是是真理，而是偏见。摒弃这些偏见，懂得用辩证的眼光看待这些问题，你会收获很多，你的人生也会有别样的精彩！

别傻了，眼里非黑即白的人都处处碰壁

生活中，相信我们不少人都被父母长辈教育过，要分清是非黑白，这是做人做事的准则。然而，“是”与“非”，“黑”与“白”之间，我们真的可以明确界定吗？事实上，对于一些非原则的事，我们不必锱铢必较，在社会交往中，如果一个人眼里只有是非黑白，有着极端的观念，是很容易处处碰壁的。中国人素来信奉“中庸”之道，这里所谓的“中”是指我们认识事物看待问题要不偏不倚，所谓“庸”是指我们要能够包容，要能够海涵，要能够容忍别人。所谓“中庸”就是指我们要不偏不倚不偏激，全面地而不是片面地，公平地而不是偏心地，公正地而不是先入为主地去对待人和事情，同时，与人交往时要能够包容别人的缺点，容忍别人的不足，要有海涵别人的心。中庸是古人做人的最高行为准则，也就是哲学上讲的“度”。

通俗点讲，中庸的做人艺术，首先要求人们做到摒弃极端主义。这个世界并不是非黑即白、非对即错的，我们首先要从根本上认识到这一点。

另外，从我们自身角度来看，任何事情都有一个变化发展的过程，此刻你不如意并不代表你一生不幸，此时你满面春风并不代表你一生顺利，虽然我们不能掌握变化无常的事态，但我们可以掌控自己的心态。“不以物喜、不以己悲”这种通达圆融的心态，正是现代人要追求的。

宰相肚里能撑船的故事就说明了这一人生哲理：

三国时期的蜀国，在诸葛亮去世后任用蒋琬主持朝政。他的属下有个叫杨戏的，性格孤僻，讷于言语。蒋琬与他说话，他也是只应不答。有人看不惯，在蒋琬面前嘀咕说："杨戏这人对您如此怠慢，太不像话了！"蒋琬坦然一笑，说："人嘛，都有各自的脾气秉性。让杨戏当面说赞扬我的话，那可不是他的本性；让他当着众人的面说我的不是，他会觉得我下不来台。所以，他只好不作声了。其实，这正是他为人的可贵之处。"后来，有人赞蒋琬"宰相肚里能撑船"。

蒋琬的话是正确的，不同的人，有不同的秉性，真诚地表达自己，才是为人的可贵之处。世界上的任何人和事，也都没有绝对的是非善恶，宽容别人，就是尊重别人，即使别人犯了什么错，也不要一棍子将人打死，谁没有犯错的时候？有句话说："谨慎使你免于灾害，宽容使你免于纠纷。"我们待人理应如此。要学会宽容别人，宽容是一种高尚的善意，它能使人换位思考，处理好人际关系。若无宽恕，生命将永远被永无休止的仇恨和报复所控制。我们只有善于团结，才会得到友善的回报！

对于生活中的年轻人而言，你们的人生路才刚刚开始，为何不选择能使自己的人际关系网拓展得越来越宽的宽容之道，而选择让自己身心煎熬的憎恨呢？

美国第三任总统杰斐逊与第二任总统亚当斯从交恶到相知的过程也是这个道理的显现。

杰斐逊在就任前夕，他来到白宫，他的目的是要表明自己的立场，也就是想告诉亚当斯说他希望针锋相对的竞选活动并没有破坏他们之间的友谊。但据说杰斐逊还来不及开口，亚当斯便咆哮起来："是你把我赶走的！是你把我赶走的！"从此两人没有交谈达数年之久，直到后来杰斐逊的几个邻居去探访亚当斯，这个坚强的老人仍在诉说那件难堪的事，但接着冲口说出："我一直都喜欢杰斐逊，现在仍然喜欢他。"邻居把这话传给了杰斐逊，杰斐逊便请了一个彼此皆熟悉的朋友传话，让亚当斯也知道他的欣慕之意。后来，亚当斯回了一封信给他，从此两人开始了美国历史上最伟大的书信往来。

这个例子告诉那些还在为鸡毛蒜皮的小事和朋友老死不相往来的人，那些为了一点不值一提的小事与人大打出手的人：宽容是一种多么可贵的精神！宽容是解除人际间的误会和不快的最佳良药，宽阔的胸怀能使你赢得朋友，和那些伤害你的人化干戈为玉帛。因为宽容代表了理解，它为你打开一扇心灵的大门，把心放宽一点，门就不会挤了。受到伤害时，心中不快乃人之常情，但唯有以德报怨，唯有容人之过，才能赢得一个温馨的世界。释迦牟尼说："以恨对恨，恨永远存在；以爱对恨，恨自然消失。"

总之，生活中的人们，凡事没有绝对的是非黑白，理解别人，宽容别人，以博大的胸怀去善待别人，就会让世界变得更精彩。因为"退一步海阔天空，忍一时风平浪静"。

内圆外方、圆融通达的人更受欢迎

我们都知道，人是社会关系的总和，每个人也都生活在一定的社会环境中，具备社会属性，因此需要结交朋友。生活中的不少人，在踏入社会之前，可能都接受过师长这样的嘱托：做人一定要内圆外方，圆融通达。那么，什么是内圆外方呢？

先说"方"，做事要方，是说做事就要遵循规矩，遵循法则。人常说的"没有规矩不成方圆""有所不为才能有所为"，说的就是"方"这个道理。也就是做官绝对要奉守清廉的原则，为商要做到一个"诚"字，做学问信奉的是一个"实"字。

再说"圆"，做人要圆。这个圆绝对不是圆滑世故，更不是平庸无能，这种圆是圆通，是一种宽厚、通融，是大智若愚，是与人为善，是心智的高度健全和成熟。要做到不因洞察别人的弱点而咄咄逼人，不因自己比别人高明而盛气凌人，任何时候也不会因坚持自己的个性和主张让人感到压迫和惧怕，任何时候也不会随波逐流，要潜移默化地影响别人而又绝不让人感到受逼近，这

需要极高的素质，很高的悟性和技巧，这是做人的高尚境界。

拿破仑在征服意大利的一次战斗中，夜间亲自巡岗查哨，发现一名哨兵倚着树根睡着了。他没有唤醒哨兵，而是自己拿着枪替哨兵站了半个多小时的岗。哨兵从睡梦中醒来，发现替自己站岗放哨的竟然是最高司令官，十分恐慌与绝望。拿破仑却和蔼地对他说："朋友，这是你的枪，你们艰苦作战，又走了那么长的路，你打瞌睡是可以谅解的。但是目前，一时的疏忽就可能断送全军。我正好不太困，就替你站了一会儿，下次可要小心。"

拿破仑处理哨兵睡觉事件时的圆滑，避免了官兵间可能产生的矛盾，此举不仅感动了哨兵，也感动了全军。如果拿破仑非常严肃地处理哨兵睡觉事件，虽然情理上能说的过去，却肯定会伤害艰苦作战、极度疲劳的士兵的感情，从而影响到部队的战斗力。

与人交际的过程中，我们要懂得适时"装傻"，不要刻意显露自己的高明，更不能揪住对方的错误不放。装傻可以为人遮羞，自找台阶；可以故作不知达成幽默，让别人放下心中的警惕和芥蒂，成功地攻破人心。

苏联卫国战争初期，德军长驱直入。在此生死存亡之际，曾在国内战争时期驰骋疆场的、老将们，如铁木辛哥、伏罗希洛夫、布琼尼等，首先挑起指挥的重担。但面对新的形势，他们渐感力不从心。时势造英雄，一批青年军事家，如朱可夫、西列夫斯基、什捷缅科等，相继脱颖而出。这中间，老将们思想上不是没有波动的。1964年2月，苏联元帅铁木辛哥受命去波罗的海，协调一、二方面军的行动，什捷缅科作为他的参谋长同行。什捷缅科早知道这位元帅对总参部的人抱怀疑态度，思想上有个疙瘩，心想："命令终归是命令，只能服从了。"等上了火车，吃晚饭时，一场不愉快的谈话开始了，铁木辛哥先发出一通连珠炮："为什么派你跟我一起去？是想来教育我们这些老头子，监督我们的吧？白费劲！你们还在桌子底下跑的时候，我们已经率领着成师的部队在打仗，为了给你们建立苏维埃政权而奋斗。你军事学院毕业了，自以为了不起了！革命开始的时候，你才几岁？"这通训斥，已经近乎侮辱了。但什捷缅科老实地回答："那时候，刚满十岁。"接着又平静地表示对元帅非常尊

重，准备向他学习。铁木辛哥最后说：“算了，外交家，睡觉吧。时间会证明谁是什么样的人。”

他们共同工作了一个月后，在一次晚间喝茶的时候，铁木辛哥突然说：“现在我明白了，你并不是我原来认为的那种人。我曾想，你是斯大林专门派来监督我的……”后来什捷缅科被召回时，心里很舍不得和铁木辛哥分离。又过了一个月，铁木辛哥亲自向大本营提出要求，调这个晚辈来共事。

长江后浪推前浪，这是理所当然的事；但作为老将的铁梓哥心中自然不好受，这也是情理之中的事。面对铁木辛哥的发难，什捷缅科在受辱之时装憨相，过了铁元帅关，体现了后生的谦卑及对老一辈的尊重，是大智若愚的表现。懂得装假者绝非傻子，憨厚有时是最高智慧者才能为之。许多时候，要想受到别人的敬重，就必须掩藏你的聪明。

可见，只要我们做到圆融通达，遵守中庸之道，就不会偏激愤青，那么我们的人际关系就会和谐，我们的朋友就会越来越多。这个世界之所以丰富多彩，就是因为有各种不同的事物，有各具特色的人。以这样的态度做人，我们就能接受不同的人或事，就能忍受各种不同的人和事物的刺激和激发；我们观察人或事物才能更加系统更加全面，得出的结论才能更加接近真理。因此，做人要内圆外方。做到这一点，对一个人的成功，对一个商家的成功，对一个企业或组织的成功，都是十分重要的法宝。当然，做人要内圆外方，并不是要我们一味和稀泥、当和事佬、世故圆滑、自甘平庸，那是对中庸的歪曲和误解。

保持低姿态，多为他人考虑

生活中，可能我们都有这样的感触：那些位高权重的人，似乎都是“孤家寡人”，他们给人一种敬畏的感觉，因而很多人不敢与之交往。因为通常情况下，这些人的姿态太高，说话、做事根本不会顾及别人的感受；当人们被伤害以后，会形成一种防御心理，久而久之，人们都离他们而去。

生活中，当你获得成功之后，难免会成为焦点，身上的光环也多了；但正因为如此，你更需要经常反躬自省，更要注意自己的言行，不要得罪了别人还蒙在鼓里，不知其所以然。只有低调做人，融入大众之中，才能更有效地保护自己。

中国古代有一个国君和臣子的故事，这个故事大致是这样的：

一位大将军率军打退外虏后，得胜回朝的他，满以为国君会赠送他大量的金银珠宝，可是，实际情况并不是这样，国君只是交给大将军一只盒子。这位将军很失望。可回家打开盒子一看，原来是许多大臣写给国君的奏章与信件。再一阅读内容，大将军明白了。

原来在大将军率兵出征期间，朝中有许多仇家诬告他拥兵自重，企图造反。战争期间，大将军与敌军相持不下，国君曾下令退军，可是大将军并未从命，而是坚持战斗，终于大获全胜。

大将军的这一举动，更是引起了那些仇家的注意，很多弹劾大将军的奏章更是如雪片飞来，可是国君并没有听进谗言，而是将那些写有大将军所谓的罪状的信件收起来，等大将军回师，一起交给了他。大将军深受感动，他明白：国君的信任，比任何财宝都要贵重百倍。

这位令后人称赞的国君便是战国时期的魏文侯，那位大将军乃是魏国名将乐羊。

魏文侯的做法，其实是为大将军乐羊考虑。“将在外，君命有所不受”，这句话是有道理的，魏文侯面对那些中伤大将军的信件和语言，并没有听信，而是收起这些信件，后来统统交给大将军。这让班师回朝的大将军很是感动，因为国君信任他，这种信任比任何财宝都要珍贵。当然，魏文侯到底是不是信任大将军，这无从得知，但他的做法的确很高明，既是震慑，又是拉拢，可谓一箭双雕。

和魏文侯不同，历史上有很多国君，喜欢听风就是雨，经常采用杀一儆百的高压政策，让文武百官对自己恭恭敬敬。其实，这种做法是不得人心的，武力镇压只能让别人“口服”，而不会“心服”。历史上的那些暴君往往都

落得国破身亡的结局，就是因为这个道理，这也给身处职场的年轻上司一个警示：作为上级，你只有和下级搞好关系，赢得下级的拥戴，才能调动下级的积极性，从而促使他们尽心尽力地工作。只有考虑到下属的感受，真正付出真情，才能收到一呼百应的效果。即使下属工作上有失误，你也要以宽容之心对待他，这样才能激发下属的潜能，并能赢得下属的忠心和拥护。

清末著名大臣曾国藩说："越走向高位，失败的可能性越大，而惨败的结局就越多。"因为高处不胜寒。他每升迁一次，就要以十倍于以前的谨慎心理来处理各种事务。正因为如此，曾国藩即便身居高位，也时时犹履薄冰，大功告成之日，更是感觉如蹈危局。

在一个激烈竞争的环境中，人人都希望成功，希望出人头地。这种进取之心确实可贵，然而，对于新时代的年轻人来说，无论你处于何种社会和职场地位，有了何种成功，你都要保持低姿态，多顾虑别人的感受。为此，你应注意以下几种情况：

1.不炫耀自己的成功

人人都有虚荣心，当自己在某项工作上成功或者达到某个目标后，难免生出一种优越感，优越的心理可以有，但不要过分地表现出来，也不要挖苦别人，挖苦别人是伤害对方自尊心的行为。言者无意，听者有心，有时候，你一句炫耀的话就有可能伤害了别人，从而让别人产生忌恨的心理。

2.保持和善的说话习惯

日常交往中，懂得说话技巧的人，一定是一位和蔼可亲、平易近人的人，他一定会善解人意，无论自己失意还是得意，都会察言观色，把自己和善的一面展现给别人，让人感觉他没有架子，这样的人一般都会有良好的人际关系。

3.有容人之量

如果你是领导者，请千万记住，无论你的下属做错了什么，都不要让你的坏脾气毁了自己的形象。当时，如果你很生气，只是别在气头上轻言处罚，因为在气头上说话和做事都可能不够理性。

当你义愤填膺的时候，你要想方设法让自己冷静下来，对下属说："我

明天和你谈，再决定怎么办。”否则，气头上的任何决定多半会起反作用，使犯错的人丧失颜面与自尊，也会在对方心理造成阴影，令其拒绝与你进一步交往；他日你反躬自省的时候，对方未必会给你补偿的机会。

总之，我们任何人都要记住，争取最多的人的支持，拥有良好的人际关系，才是成功的最坚强的保障，不要因为暂时的得意而飘飘然，继而说话、做事不顾别人的感受，而让自己成为“孤家寡人”！

褪去学生气，增添点世态心

中国有句古话：“世事洞明皆学问，人情练达即文章。”这句话的通俗含义是，对社会上的事都明白了，那就是学问；处理人情事故干练而通达，那就是文章。的确，人的一生无非是做人与处世，我们任何一个人，在离开学校以后，都应该褪去身上的学生气，都要摒弃孩提时代的无知，增添一些世态心，毕竟社会是个复杂的大课堂，也自有它的原则，这是你在学校课堂上永远学不到的东西。如果你毫无“城府”，贸然冲撞，就会处处碰壁。适应这种规则并掌握这种规则，皆是左右你人生的大学问，比理论知识更重要也更实用。

娜娜毕业不久，就找了一份很让同学羡慕的工作，成为人们羡慕的白领一族，因此，娜娜总是开心地、努力地工作着。但她不明白的是，为什么自己越来越受冷落呢？原来，事情就坏在她的一张嘴上。

因为娜娜个性活泼，在刚进公司的那一段时间，她一度成为办公室的“开心果”。不过，日子久了以后，她不假思索的讲话方式，逐渐令人生厌。

有一次，她看到前辈张姐穿了一条漂亮的裙子进门，立即开始赞叹起来：“张姐，你的裙子好漂亮哟！”她一看，这是条名牌裙子，就顺便又多说了一句：“这条裙子至少要1000多元吧？你还真有钱！”本来笑容满面的张姐，表情顿时添了一份尴尬。

月底，又要发奖金了，会计不小心让娜娜看到了王小姐的工资条。娜娜

立即在办公室宣扬起来："小王啊，你真是有能耐，我们同时进公司的，你的奖金怎么这么多？一万多块呢，恭喜呀！"公司对每个人的奖金是保密的，经娜娜这么一"恭喜"，王小姐有了一丝不悦。

类似这样的事情很多，久而久之，大家都不敢和娜娜多说话了，大家也议论开了："娜娜很开朗，就是喜欢什么都拿出来说。""还是太小了，不懂事。""不是不懂事，是修养问题呀！"

渐渐地，娜娜也不怎么开心了，因为她明显地发现，大家好像不怎么喜欢自己了，自己讲话时，办公室听众少了，就连她讲笑话时接茬的人都没有了。

祸不单行，最近娜娜又惹到上司了。因为公司业务量增加，她对加班有了一些不满："老板怎么这么小气，不给我们加班工资？"结果这话很快传进老板耳朵里，她被叫去问话："听说不给你加班费，你就要罢工了？"

因为担心被开除，所以娜娜连连认错，不过她心里不服，自己哪有要罢工，只不过心直口快而已。

事实上，娜娜的确没有做错什么，她只是忘记了，职场新秀必须得懂得人情世故。尤其是说话，什么话都不能抢着说，而要想着说。办公室交流是必要的，不过那些大家忌讳的东西最好少说为妙。她的心直口快，刚开始大家能忍受，但没有人希望成为她的话柄，于是，大家"惹不起躲得起"，娜娜就这样被孤立了。

可见，生活中的人们，为了更好地立于世，我们都有必要学习如何为人处世。除了要管住自己的嘴巴外，我们还需要做到低调为人。低调做人是做人成熟的标志，是保护自己的一种策略，也是为人处世的一种基本素质。我们应该像向日葵一样：在成长的过程中，它们镶嵌着金黄色的花瓣，高昂着头；但一旦籽粒饱满，它便会低下沉甸甸的头，因为它成熟了、充实了。

古人云："良贾深藏才若虚，君子盛德貌若愚。"这句话的意思其实就是：聪明的商人总是隐藏其宝物；君子品德高尚，而外貌却显得愚笨。这就是一种低调，低调做人是一种非常值得赞赏的品格。

生活中，也有一些人，他们的确“才高八斗”，但因自恃才高，居功自傲，结果引来别人的排挤，于是，哀叹“世态炎凉”“时运不济”，其实，他们更应该反省的是，自己在做人方面是不是有什么失误。要想获得友谊，赢得良好的人际关系，就要平和待人，切不可自以为是；要想赢得成功，就更要学会低调做人。在这个错综复杂、五彩缤纷的世界上，不同的人有不同的命运，有的人一生乐观豁达，与世无争。他们谦虚好学，平步青云，一路欢乐，让人赞扬和钦佩；而有的人则骄傲自满、处处受阻，最终郁郁寡欢，碌碌无为，抱憾终生，遭人非议、鄙视、唾弃。很明显，我们都愿意选择前者。其实，这两种人生境遇的差异，究其原因，就是为人之“调”不同。低调做人是一种生存的大智，是一种韧性的技巧，是一种做人的美德。

总之，我们每个人都应记住，任何一个人，从踏出校门的那一刻起，就应该褪去身上的学生气，就应该学习一些为人处世之道。人生的路很长，只有稳健地走，才能走得长远，才能最终达到梦想中的那个目标！

第05章

培训提升技能？别怪我告诉你培训背后的真相

在现实生活中，我们经常看到周围的人争相参加培训活动，如技术类的、企业管理类的、语言类的等。然而，我们的技艺和学识真的会因为参加了培训而提升吗？如果你也有过参加培训的经历，那么，你是否也曾有这样的感触：课上你激情澎湃，认为自己正在努力学习；而回家一觉之后就打回原形，毫无改变，所以培训也是毫无效果！从这一点引申，我们发现，在我们的人生路上，明师难寻，所以，对于外界提供给我们的信息，我们一定要仔细甄别；并且，对于我们的社交活动，我们也要有自己明确的目标，只有这样，才能使我们不断完善自己，获得进步。

培训真的能提升工作技能吗

近年来，中国培训市场特火，尤其是那些职场人士，不少人遇到事业的瓶颈期之后，就开始参加培训，认为培训能提升职业技能，所以，各种培训课程开始“闪亮登场”。各种开课的广告狂轰滥炸，内容都写得十分劲爆，非常具有蛊惑性，好像参加一次培训后就可以脱胎换骨。不少人也真的中招，激动地跑去听课，听课时也像打了鸡血似的格外兴奋。参加完课程后，却发现上课时激动万分，下课后一无所获。于是，他们开始产生质疑：培训真的有用吗？

对此，我们不妨先来看看这位职场人士的经验：

刘先生是一位科技公司的销售主管，这天，有两个人来敲他办公室的门。坐定后，二人说明了来意，说他们是著名的管理学大师××的学生，来找刘先生是为了推销××大师课程的票，票价是一千多元。一边说着，他们一边拿出了关于课程的资料。

刘先生是一位管理人员，对这类课程必定是感兴趣的，而且，他有时也会翻看相关的书，所以，虽然他在这一行业工作了不到五年的时间，也没有参加过任何的培训课程，但他凭借着超强的自学能力，成功进入了这家公司的领导层。然而，刘先生对绝大多数所谓的知名大师不是很赞同，原因很简单，因为刘先生一直信奉一点——实践出真知，而绝大多数专职的管理学大师只是纸上谈兵而已。

来者努力说课程的好处，说如果听了 × × 大师的课程，公司的业绩会上升好几倍甚至十倍。

刘先生说："如果真有这么好，还轮得到你们这样辛苦上门推销？保准跟武侠小说中的秘籍一样让大家抢得头破血流。"

他接着说："你们老师的这次课成功与否，取决于你们的推销成功与否。你们推销成功了，把票都推销出去了，你们老师的这堂课至少在收入上是成功了。如果你们推销不出去，你们老师自己也不会成功。"

来者眼见无法说服刘先生，马上搬出了国内某著名购物网站CEO的名字，说此人也是因为听了 × × 大师的课程才成功的。刘先生不免感到好笑，因为刘先生与这位CEO是大学同窗，对于此人的事了如指掌，这位CEO成功后，确实被不少大师当成品牌来打。接下来，刘先生问这二位听大师的课几年了。

"三年了。"

刘先生笑道："你们跟陈老师三年了，自己怎么没成功？你们都跟了三年，还没成功，怎么能说服我指望一两节课就能成功？"

这二人面面相觑，随便说了几句客套话之后，便告辞了。

这则故事很有趣，所谓的管理学大师，自己的成功居然取决于学生的销售。那么，在学生出门推销之前，这位大师有没有对学生进行销售培训呢？如果作了培训，那这个培训水平确实不高，学生们居然被当场揭穿谎言。如果没作培训，那这个老师的培训意识也不强，连帮自己赚钱的学生也不培训，让学生去瞎撞。

你在报名培训之前，不妨先看看所谓的大师们的讲课录像，实际上，只要你看过一段，就不会再有兴趣，因为那里面除了自我吹嘘外，没有多少实质性的、能令我们改变的东西。要知道，就连比尔·盖茨也没说过自己是全球销售第一名。

我们参加完各种培训课程一无所获的原因在于大多数培训课程有五大缺陷：

（1）无系统——获得了很多最新知识，却缺乏完整的系统逻辑关系；

（2）无专业——倾听了五花八门的知识，却总无法运用到专业上；

（3）无操作——掌握了很多实战工具，却无法真正运用到企业实践中；

（4）无针对——欣赏了很多成功案例，却不能直接照搬到自己企业；

（5）无辅导——学会了很多操作方法，却没有实战专家来指导应用。

所以，对于我们来讲，真正有用的培训课程必须是实战、实操、实效的，是可以当场解决自己企业发展遇到的难题的。当然，我们不能一棒子打死所有人，认为所有的培训课程都是无效的，这需要我们加以鉴别，并且，我们自身要将从课程上学到的知识付诸实践。

明师难寻，别趋之若鹜

我们每一个人，自从跨入校门的那一刻起，就要接受老师的教育。他们不仅为我们传授文化知识，还教会我们如何为人处世，每一个老师都希望自己的学生能有一番作为。仔细想来，从上学到结束学生生涯，为我们传道、授业、解惑的老师也为数不少。然而，当我们离开学校之后，就需要我们自己寻找老师了，我们在社会生活中如何发展，人生路能走多远，都与我们是否有名师指点有关系。前面，我们已经分析过，充斥在我们耳边的各种培训机构，大多数都是营利性质的，对于我们自身的工作能力的提升并没有多少帮助，为此，对于纷至沓来的培训信息，我们一定要仔细甄别，千万别趋之若鹜。

那么，什么是真正的明师呢？

阎焱是软银赛富基金的首席合伙人，他之所以有如此的成就，得益于他的老师给他的一次出国的机会。那时，他还在北大读研究生，其间，他得到了来自美国普林斯顿大学的访问学者Roger Michiner的赏识。后来，经过一段时间的接触之后，Roger Michiner主动问阎焱：“你应该去美国读书，我可以帮你写推荐信。”听到恩师这样说，阎焱自然答应下来。

后来，阎焱通过托福考试，并顺利获得了美国普林斯顿大学的录取通知书和四年全额奖学金，在读书期间，Roger Michiner也一直在生活上给予他很

大的帮助。

毕业后，阎焱回忆说："我到美国的第一天晚上，就住在教授家里，他对我非常好，即便现在，我已经不在这所大学授课，我们依然是非常好的朋友。"

阎焱为什么能成功？因为他获得了Roger Michiner的帮助。可以说，Roger Michiner不仅是阎焱的恩师，也是他人生路上的贵人。

可见，真正的明师，都希望自己的学生能够在社会中站稳脚跟并有一番成就，并且，他能对学生的学识、能力等各个方面都有一个全面的认识，并针对其具体情况为其将来的发展有一个正确的指引。其实，我们很多人都在努力寻找能为自己指点迷津的明师，却忘记维护与昔日恩师的关系。当我们在遇到困难时，多半会想到自己的亲朋好友，却忽视了恩师，其实，我们昔日的恩师同样可以在你接下来的人生道路上助你一臂之力。但前提是，我们必须维护好与恩师之间的关系。

因此，作为学生的我们，如果能经常联络恩师，那么他们一定会给我们新的人生指导。当然，对于比我们优秀的人，都可以称之为我们的老师，与他们交往，我们需要做到：

1.有目标地结识，为自己找个好老师

在人际交往中，知识文化层次高的人很多，但我们不可能都能结识，因此，我们要学会有目标地结识，比如，那些同专业里的专家、权威人士，与他们结识，把他们当老师，我们不仅能学到最精尖的专业知识，还可能得到他们的帮助、提携、提拔，让我们飞黄腾达。他们甚至能在行为得失上给我们以指点，扶持我们一步步成长，一步步走向成功！

2.尊敬对方

无论你的老师现在成就如何，你都要尊敬他，一日为师、终生为父，没有人会帮助那些趾高气扬的学生。

3.以请教的姿态与之交往

无论你遇到了生活上还是工作上的一些问题，你都可以请教老师，毕竟他是过来人，他会给你中肯的意见，另外，你谦虚的态度也会令他产生好感。

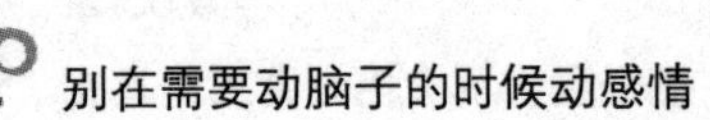

4.言谈时，真正将恩师的话听进去

和恩师谈话，有几种情况：讨论问题，接受意见，求其办事。不论哪种情况，你都要懂得，你要站在他的角度说话，要说他希望得到的答复。尤其是在接受恩师的经验的时候，我们更要懂得倾听，真正将对方的话听进去。

想要真正领会到恩师的经验，注意一定的方法、讲究必要的技巧很重要。这类途径和办法很多，常用的有以下几种：

（1）主动询问

主动询问，是准确了解恩师谈话意图最直接的办法。在恩师传授人生经验时，如遇到我们存在疑虑的地方，我们都要主动地请示、询问，这样，能显示出我们对恩师的谈话的重视。

（2）从言谈中捕捉

恩师向我们传授经验，多半都是以语言形式表达出来的。作为学生，我们一定不要放过恩师说过的任何一句话，对恩师的言谈都要用心记住，即使是一些零碎的看法、意见，也要善闻其言，注意收集。

5.培养一段与恩师互惠互利的关系

适当地去和恩师多套套近乎，没有人会拒绝对自己有利的事情。你可以和恩师互相交换有利资源，而你得到帮助的可能性更大，从而大大减少你独自摸索的时间。你的侃侃而谈，会让他们感觉到你的信息很有用，如此，他们才能逐渐欣赏你，慢慢地也就愿意传点宝贵经验给你了。

总之，恩师是我们扩展人脉资源过程中的重要人物，在日常生活中，我们要与其多联系，多请教，从而让他们继续给我们人生以指导！

时时为自己充电，而非盲目参加培训

“活到老，学到老”这句话对于现代社会尤其是在职场拼杀的人士来说，有着更深一层的意味。特别是白领阶层，如果没有过硬的职场拼杀本领，

很容易在激烈的竞争中被淘汰，令自己的职场道路变得“风雨飘摇”。无论是拿出业余时间去深造，还是在工作中不断学习，作为职场人士，我们都应该展开思索与行动，为自己量身打造一个充电计划，并最终拥有纵横职场的能力。需要注意的是，要作好职业定位再去充电。

所以，有规划的职场人士从来不盲目跟风、报班参加培训，他们总是有着自己的充电计划，他们了解自己的短板，懂得如何弥补自己的不足，进而能做到过五关斩六将、在职场上不断取得成绩。

接下来，我们看一则故事：

巴勒斯坦境内，有两个著名的湖泊，这两个著名的湖泊各有各的特色。其中一个叫加黎利海，是一个很大的湖泊，水质清澈甘甜，可以供人饮用，因为湖底清澈无比，连鱼儿们在水中悠游的景象也清晰可见，而附近的居民更是喜欢到此处游泳和嬉戏，加黎利海的四周全是绿意盎然的田园景观，因为环境清幽，许多人将他们的住宅与别墅建在湖边，享受这个如仙境的美丽景致。

另一个名为死海，也是一个湖泊，然而，它的水是咸的而且有一种怪味道，不仅人们不敢饮用，连鱼儿也无法在这个湖泊中生存。在它的崖边，连株小草都无法生长，更别提人们选择在这里居住。

令人好奇的是，这两个湖泊其实源于同一个源头。后来人们发现，它们会有这么大的不同，是因为一个有接受也有出；另一个则是接受后便存留起来。原来，在加黎利海里，有入口也有出口，当约旦河流入加黎利海之后，水会继续流出去，如此一来，水流不仅生生不息，还会不断地循环更换，水质自然清澈干净。至于死海则只有入口没有出口，当约旦河水流入之后，水就被完全封死在湖里。于是，在这个只有进没有出的湖泊中，所有的污水或废水也全部汇聚在这里，因为它只知自私地保留己用，最后的结果便如它的名字，成为没有人愿意亲近的死海。

唯有不断流动更替的水才会充满氧气，如此鱼儿们才会有舒适的生存空间，为湖泊增添生命活力。因为肯付出，加黎利海的收获，是干净的湖水与热闹的人潮；因为它付出了，自然会得到应有的成果。至于一味地接受而没有

付出的死海，结果则是贫瘠与足迹罕至。自然界这个特殊的现象再次告诉生活中的人们，有付出才有收获。追求成功的你们，只要不吝于付出，在付出的同时，你们便能腾出新的空间，容纳新的机会。

当今社会，创新已经成为企业、社会、国家发展的重要主题，每一个角落都需要知识、需要创新、需要正确决策、需要科学管理。从这里，我们发现，充电是让自己的头脑永葆青春的最佳良方。

具体来说，我们需要做到：

1.找好充电的切入点

作为一名工作多年的职业人士，你不一定要像职场新人一样，为了多多益善的证书而付出过多的精力。你要做的，就是找好充电切入点：一是职业所需极其实用的东西，二是本职工作能力的培养。

2.充电是为了更好地敬业

找到一份工作不容易，能“站住脚”更难，如果因为继续深造耽误了目前的工作，就与敬业精神相违背，那么就不会有相应的业绩；没有业绩，怎么保证以后能获得更好的职位呢？所以说，充电和敬业不该有任何冲突，充电是为了更好地敬业。

3.发现身边值得学习的东西是你最好的充电内容

深造不一定要脱离现在的工作，更没必要脱产走回学校。因为年龄、经济等条件不允许，我们不可能再走回纯粹的学生时代。随用随学，做有心人，留心身边的人和事，学会随时发现生活中的亮点，并注意总结别人的成功经验，拿来为自己所用，这可能是生活和工作中能让自己进步得最快的一个方法。

跟上时代，并让自己生活有趣、谈话有料的上上之策，就是给自己充电。任何一个想要越变越好的人，无不希望能够扩大知识领域，并从中获得启示。知识不仅是力量，而且像一面镜子一样可以照见自己的优缺点，让我们不仅拥有自知之明，还能具有先见之明。终身学习，是我们每个人应当给予自身的功课，而培训并不是职场学习的代名词，留心生活和工作中任何值得学习之

事，你都能获得进步。

为自己树立一个行为的榜样

我们知道，与人接触是个人成长过程中重要的一课。与什么样的人交往，就决定了我们会形成什么样的性格、什么样的阅历。古人云：“和好人交游，必然会受到好的陶冶；和恶人为伍，必然也要受到恶的熏染。风吹过香物以后，必然也会发出馨香；风吹过臭物之后，必然就要发出臭味。”说的大概就是这个道理。所以，我们每个人都应该为自己寻找一个行为上的恩师和榜样，要知道，在自己所处的环境里，能与站在顶点地位的一流人物交往，并学习其优点、做法，进而吸取他们经验和观点中的精华，能引导一个人积极向上，对其生活和工作必将大有助益。因此，人际交往中，我们应该看人结交，只有这样，你生活的圈子才会更具精神实力。

李景全是香港一个有名的实业家，属于“新贵”一类。从一个顽皮少年成为香港小有名气的实业家，李景全的成功之路给了年轻一代许多启示。李景全的建超实业公司，每年的营业额达7000万港元以上。当年自立门户时，李景全只有18岁，他在创业历程中曾得到曾文忠的帮助。

从小就比较顽皮的李景全，上学时是个典型的“问题学生”。他坦言，自己在校时常常呼朋唤友“闹事”，不是块读书的料。1983年中学还没念完的李景全走出了校门，老老实实地替人打工。他的第一份工作是在一家电子公司当电子零件推销员。尽管是送货，但他也因此有机会与许多电脑行家混熟，结识了一些从事电脑业的老板，包括他后来的贵人曾文忠等。这使他逐渐对电脑业产生了兴趣，由此萌发了自己创业当老板的念头。

一年后，18岁的李景全兴致勃勃地拿出2万元积蓄和一位“老行尊”同事合伙在旺角租了个300多平方英尺的地方，开了一家小型工厂，专替电脑商装嵌电脑界面板。

像李景全这样一个小人物之所以能成为商界“新贵”，就是因为他选择了和一个“老行尊”同事合伙，从而在创业的路上避免了一个年轻人会犯的很多错误，少走了很多弯路。乍一看，他并无贵人的相助，可实际上，他给自己找了一个好老师，这也是借贵人之力的一种方式。

然而，生活中，不少人总是乐于与比自己差的人交际，这的确很值得自慰，这令他们在与友人交际时，能产生优越感。可是，我们显然无法从不如我们的人身上学到些什么。而结交比自己优秀的朋友，能促使我们更加成熟和完善。

因此，我们可以从劣于我们的朋友那里得到慰藉，但也必须获得优秀朋友给我们的刺激，助长我们的勇气和力量。

可见，人际交往中，我们要有明确的交际目标，要学会有的放矢，不要“眉毛胡子一把抓”。那么，具体来说，我们该怎样看人结交呢?

1.结交有人格魅力的人

不可否认，我们应多结交有人格魅力的人，但现实生活中，有些小人往往都不是以真面目示人的。为此，我们很有必要明白什么是人格魅力：它指的是一个人在性格、气质、能力、道德品质等方面具有的很能吸引人的力量。在今天的社会里，一个人能受到别人的欢迎、容纳，往往是因为他具备一定的人格魅力。有人格魅力的人有以下性格特征：

第一，在为人处世和自我发展上，他们表现出对他人的热情、友善、富于同情心，谦逊但不自卑，在学业、工作和事业上勤奋积极。

第二，在情绪上，表现为善于控制自己的负面情绪，呈现出的是积极、乐观、豁达的心境，与人相处时，带给人的也是正能量。

第三，在理智上，具备丰富的想象力和创新意识，思维具有很强的逻辑性。

第四，在意志上，表现为目标坚定、明确，懂得自制，性格坚韧、勇敢。

具有上述这些良好性格特征的人，往往是在群体中受欢迎和受倾慕的人，或可称为“人缘型”的人，我们应与之多结交。

2.结交具有专长和特殊才能的人

或许你会认为，带着目的交际、结交那些有专长和特殊才能的人是一件有心机的事——你是不是也常和一些对自己完全没有帮助的朋友见面，每次连自己都感到是在浪费时间和金钱，却把它当作是讲义气呢？朋友应该具备值得自己学习的地方。这样才能共同进步，建立良好的长久关系。人们固然愿意结交与自己类似的人，但是，在和这样的人交往时，往往很难弥补自身的不足。

3.结交文化层次高的人

结识那些文化层次高的人，并不是非要从他们身上得到实质性的帮助，才算得到了好处。有些人，旁人仅仅是和他在一起，就可以获得益处。腹有诗书气自华，和他们相处，我们能感受到来自他身上的一种优雅的气质，这就是一种享受；与他们交谈，我们能了解到世界上很多我们不曾了解过的地方。他们就像一本书，了解他们，解读他们，会让我们的人生从此变得不再浅薄。

总之，如果你也想做一个成功者，那么就要时刻向成功者靠近，与成功者为伍，哪怕双方并不是同一领域的人，他们也可以与你交流他们的经验和教训，你可以从强者身上学习如何变得更强。哪怕这样会让你自惭形秽，但是你得到更多的，则是来自成功者的宝贵经验，来自榜样的无穷激励。近朱者赤，只有时刻学习一流人物的品质精神，才能让你也逐渐成为一流人物。

第06章

投资都能赚钱？告诉你，大部分跟风投资的人都血本无归

如果你也是个投资者，你肯定在电视、网络或者具体的讲座上听到过专家介绍投资经验，你可能认为自己找到了稳赚不赔的投资秘籍。而你没有认识到的是，这些所谓的投资专家从未通过这些“秘籍”赚到财富，他们甚至只是拿着固定薪水，如果你听信他们的忽悠，那么，你很有可能血本无归。事实上，我们不难发现，那些真正成功的投资者从不盲目行动，在追求财富的路上，他们的周围也有各种不同的声音，但他们从不怀疑自己的动机，他们坚持自己的想法，最终，他们成功了。所以，要想投资赚钱，我们势必要学会基本的技术分析，要有自己的主见和判断，别再听那些专家们忽悠了。

别再听那些所谓的投资专家们忽悠了

生活中，大概不少人都会做这样的白日梦：要是每个星期只上一天班就好了，要是每个月能发五万元就好了，要是老板年终奖多给一倍就好了，要是我成为千万富翁就好了，要是……

人们之所以会有这样的心理，是因为人们认为天上会掉馅饼，认为可以一劳永逸、不劳而获，而基于这些幻想和白日梦，不少人被所谓的投资专家们忽悠到了投资市场，他们会告诉你，只要按照他们教授的方法进行投资，你就能发财，就能实现你的财富梦。然而，这是天真和幼稚的想法，也可以说是头脑发热的表现。以股市为例，人们常见的往往是被套和割肉，天下没有免费的午餐。一些人头脑清醒、睿智果断，所以永远不会被套牢；而一些人正是听信了专家们的忽悠，所以一头扎进去，被套牢了。

我们都知道，任何一个投资者都想赚钱，包括投资专家也是，而事实上是，据不完全统计，专家们也只是纸上谈兵，而并没有通过过人的投资技能赚到钱。所以，我们必须要知道的一个事实是，投资并不一定能赚钱，大部分的人甚至在投资市场血本无归。其实主要原因还是他们没有摆正自己的心态，总希望能找到捷径，于是听从专家们的意见成为投资者常见的做法。以炒股为例，我们都知道，中国股市目前还未成熟，有很多不规范的地方，比如，信息不对称、突发性事件等，所以，专家们给出的某些意见并不能适用于每个投资

项目，也未必适用于每个投资者。对于很多人来说：股市就是一个坑接着另一个坑。有些散户输钱了会怨天尤人，会抱怨市场和政策，而从未想过自己的问题，这是最糟糕的心态。对于这种人来说，的确应该好好反省一下：自身对投资了解多少？是不是真的作足了准备？

如果你是一名投资新手，以下几件事情是你在投资前务必要仔细看清楚，而且必须要做的是：

1.知晓什么是投资

投资指的是特定经济主体为了在未来可预见的时期内获得收益或是资金增值，在一定时期内向一定领域的标的物投放足够数额的资金或实物的货币等价物的经济行为。

投资的形式有很多种，我们可以分为实物投资、资本投资和证券投资。

在经济和金融方面，投资这个名词都有数个相关的含义，主要相关的是财产增加与收益。从技术层面来说，这个词意味着“将某物品放入其他地方的行动”。从金融学角度来讲，相较于投机而言，投资更趋于稳定，时间更久，更趋向是为了一段时间内获得比较稳定的收益，是未来收益的累积。

2.学习投资的一些基本知识

工作需要学习，做生意也要学习，同样，投资也需要学习。任何行业，要想收益都不容易，门槛越低的行业赚钱越难。投资也是，几乎是持有身份证的人都可以进入这个市场。如果没有一定的知识和能力，投资失利是必然的。

3.选择适合你的投资市场环境

很多人都没有认识到这一点，通常，他们会选择那些活跃的投资市场，但是他们没有意识到的是，那些容易赚钱的市场，亏损起来也很容易，打个很简单的比方，那些生存于小溪的鱼并不适合大海，所以有的人炒股不如去炒期货，有的人炒期货不如去炒股，而有的人炒股不如将资金储蓄。

以炒股来说，学习股票知识就要掌握这三个步骤：

（1）了解当前国家乃至世界各国的动态，尤其是经济动态，从而对经济态势有个大致的判断；

（2）学习一点理财知识，了解一些上市公司的经营情况；

（3）学习技术分析，这是对股票走势和自我操作的把握。

很明显，投资是一门综合学科，任何一种投资都涉及国家的相关政策、该行业的经济动态以及市场的火热程度等，这些都会影响投资行业的运作，因此，我们有必要加强自己的学习。

另外，我们还应该将投资结果看得轻一点，不少投资者，投资金额不大，但其经济理论倒是不少，对经济形势分析起来也是一丝不苟、头头是道；但他没有认识到的是，市场毕竟是市场，是瞬息万变的，是不会按照他的意愿来进行的，结果可想而知。更让人吃惊的是，一旦投资失利，他便无法接受。为此，我们要明白，你是在利用闲钱来投资，过于看重收益的话，负担未免太重。

总之，天上不会掉馅饼，投资市场更没有捷径，所以别听那些所谓的投资专家们忽悠了。我们一定要记住这一点忠告："天上掉钞票我不会弯腰，因为天上连馅饼都不会掉，更别说掉钞票了。"秉持这样的心态，相信你能真正掌控好自己的投资，获得自己想要的结果。

盲目投资只会让你血本无归

在我们的生活中，相信我们每个人都希望获得成功、获得财富，财富带来的是物质生活的改善，能帮助我们实现某些愿望。如何获得财富是很多人探究的问题，随着投资市场的不断健全，不少人开始学习投资，也确实有不少人投资成功、获得了财富；但同时，也有不少人投资失利，损失不少。究其原因，一些人是因为盲目投资，还有一些人是听信了所谓的稳赚不赔的谣言，然而，所谓的包赚不赔的投资秘籍根本就不存在。所以，在投资市场，不要听信任何人传播的投资信息，更不要指望那些所谓的投资秘籍，要有自己的判断力。

小李在一家物流公司工作，每个月工资三千多元，他省吃俭用，在工作的几年里，也存了几万块钱，他不希望自己就这么一直打工，心里一直盘算着好的出路，也在寻找发财的机会。

一天午休的时间，他无意中看到几个同事在手机上看股票行情，便好奇地问："你们是在炒股吗？"

"是啊。"其中一个同事回答。

"能挣到钱吗？"小李将信将疑地问。

"当然了，不然你指望那点工资生活啊？不理财投资，永远都受穷。"同事说。

听完同事的话，小李觉得很有道理，想想自己也该作点投资了。

后来，在聊天中，小李听同事说有几只股票涨势不错，就买了其中一只，而且买入不少。小李心想，这下子要发财了，于是坐等开盘结果。

谁知道，还不到三天时间，小李就亏了一万多块钱，这可是小李半年的工资。他心里悔恨，但是又不想抛售，心想万一涨了呢，所以，他还是选择焦急地等待着。可是接下来几天的开盘情况依然糟糕，小李越亏越多，不得已的情况下，他割肉卖出了。一个星期的时间，小李就莫名其妙损失了好几万块钱。

后来，小李去咨询了一位投资经理人，向他诉说了自己的情况，听完这位经理人的回答之后，小李才如梦初醒，这位经理人是这样回答的："李先生，任何一种投资，最忌讳盲目行动，尤其是股市。股市是一片汪洋大海，如果你连怎样炒股、怎样选择哪只股都不知道就冒然试水，是很容易被股市吞没的。"

可见，在投资领域，无知的投资是一种冒险，通常带来的结果也是负面的。无知，刚开始时会让你产生幻想，但最终的结果都是痛苦；如果此时还没有意识到自己是无知的，那么痛苦就会继续。

为此，你需要记住几点：

1.先思考，后行动

要想把事情做到最好，你心中必须有一个很高的标准，不能是一般的标

准，投资也是如此。在投资之前，你最好进行周密的调查论证，广泛征求意见，尽量把可能发生的情况考虑进去，以尽可能避免出现漏洞，直至达到预期的投资效果。

比方你之前看准了某只股票，你最好先查找它的资料，了解其涨跌情况，甚至是这家企业的“前世今生”，对其进行一个透彻的了解，才能对其作出一个正确的判断。

2.耐心点，先不着急下决定

不焦躁、不虚浮，是投资必备的心态条件，如果你拿不定主意要不要投资，你可以再等等看，看这一投资项目是不是在自己预期的范围内，等确定了再进行投资也不迟。

3.稳定情绪

无论你的投资结果是什么，都要调整好自己的情绪，情绪稳定是作好下一步打算的前提，千万不可自乱阵脚。

4.要强化自我意识

遇事要沉着冷静，自己开动脑筋，排除外界干扰或暗示，学会自主决断。要彻底摆脱那种依赖别人的心理，克服自卑，培养自信心和独立性。

5.不要人云亦云，理智地看待问题

这就好比在股票投资中，我们能听到小道消息，很多人都说看涨，但你未必就能碰到大牛市。所以，在投资领域，要保持清醒的头脑，避免人云亦云，理智的分析很重要。你从别人口中知道的也许是虚假信息，而别人否定的也有可能是以讹传讹，让你错过好的投资时机。总的来说，你需要改变和调节心态，从而成为一个理智的投资者。

因此，对于理财投资，你一定要善于思考，思考自己选择的投资方式到底适不适合自己，绝不能人云亦云、盲目跟风，这只会浪费自己的时间和资金。只有弄清楚自己到底想要从投资中获得什么，适合什么样的投资以及怎样投资的问题，我们才能作出正确的选择。

投资盈利要学会基本的技术分析

在投资行业，我们需要学习的基本知识有很多，其中重要的一点就是技术分析。当然，这要根据我们所投资的具体领域而定，具体来说，我们可以这样划分：

1.股票技术分析

股票技术指标，是相对于基本分析而言的。基本分析法着重于对一般经济情况以及各个公司的经营管理状况、行业动态等因素进行分析，以衡量股价的高低。而技术分析则是透过图表或技术指标的记录，研究市场行为反应，以推测价格的变动趋势。其依据的技术指标的主要内容是由股价、成交量或涨跌指数等数据计算而来。

股票技术指标属于统计学的范畴，一切以数据来论证股票趋向、买卖等。指标主要分为三大类：

（1）属于趋向类的技术指标；

（2）属于强弱的技术指标；

（3）属于随机买入的技术指标。

基本分析的目的是判断股票现行股价的价位是否合理并描绘出它长远的发展空间，而技术分析主要是预测短期内股价涨跌的趋势。通过基本分析我们可以了解应购买何种股票，而技术分析则让我们把握具体购买的时机。大多数成功的股票投资者都是把两种分析方法结合起来加以运用。

股价技术分析和基本分析都认为股价是由供求关系所决定。基本分析主要是根据对影响供需关系的种种因素的分析来预测股价走势，而技术分析则是根据股价本身的变化来预测股价走势。技术分析的基本观点是：所有股票的实际供需量及其背后起引导作用的因素，包括股票市场上每个人的希望、担心、恐惧等，都集中反映在股票的价格和交易量上。

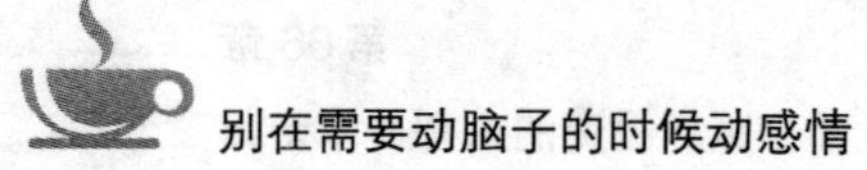

股票的几种主要指标有：

（1）随机指标KDJ

① *K*值由右边向下交叉*D*值做卖，*K*值由右边向上交叉*D*值做买。高档连续二次向下交叉确认跌势(死叉)，低档高档连续二次向下交叉确认跌势，低档连续二次向上交叉确认涨势(金叉)。

② *D*值<15% 超卖，*D*值>90% 超买；*J*>100%超买，*J*<10% 超卖。

③ *KD*值于50%左右徘徊或交叉时无意义。

（2）ASI指标

①股价创新高低，而ASI未创新高低，代表对此高低点之不确认。

②股价已突破压力或支撑线，ASI未伴随发生，为假突破。

③ ASI前一次形成之显著高低点，视为ASI之停损点。多头时，当ASI跌破前一次低点时卖出；空头时，当ASI向上突破其前一次高点回补。

（3）布林指标BOLL

①布林线利用波带可以显示其安全的高低价位。

②当易变性变小，而波带变窄时，激烈的价格波动有可能随即产生。

③高低点穿越波带边线时，立刻又回到波带内，会有回档产生。

④波带开始移动后，以此方式进入另一个波带，这对于找出目标值有相当帮助。

（4）RAR指标

AR为人气线指标，是以当天开盘价为基础，比较一个特定时期内，每日开盘价分别与当天最高价、最低价之差价的总和的百分比，以此来反映市场买卖的人气；

BR为意愿指标，是以前一日收盘价为基础，比较一个特定时期内，每日最高价、最低价分别与前一日收盘价之价差的总和的百分比，以此来反映市场的买卖意愿的程度。

2.证券投资技术分析

主要包括趋势型指标、超买超卖型指标、人气型指标、大势型指标等

内容。

证券技术分析，简称技术分析。它是交易技术中的两大流派中的一支。

技术分析基于3大假设：

①市场行为包容消化一切；②价格以趋势的方式演变；③历史会重演。

技术分析者强调图表的重要性而坚决反对根据基础分析来进行交易决策。

流行的技术分析流派中比较著名的有：

道氏理论、波浪理论、江恩理论、魔山理论、混沌理论、捷径判断理论(基于数学模型的技术指标，如KDJ)。其中道氏理论为一切技术分析的开山鼻祖。江恩理论和魔山理论则是关于时间循环周期的重要理论。

3.现货白银投资技术分析

（1）保力加通道。保力加通道以一条移动平均线为基础，然后加上一定倍数的标准差形成通道顶，以及减去相同倍数的标准差形成通道底。当价格波动大时，通道便会自动调节放大；而当市况平稳时，通道则相对较窄。

（2）顺势指标是一种重点研判价格偏离度的分析工具，量度平均线的裂口从而找出前市或后市之趋势，其数值一般在+100和-100的范围内波动。

（3）动向指标是一种趋势跟踪指标，主要指出市况是否正以某种趋势前进，例如是正在升势中还是跌势中，或者没有一定方向。

（4）动量线主要用来观察价格走势的变化幅度以及行情的趋势方向，计算公式是今日的收盘价与n天(如12天或25天)前的收盘价的差值。通过观察动量线，可看出市况是处于上升、下降或者是疲软趋缓的走势中。

（5）移动平均线是追踪价格趋势的一种工具，呈现历史走势平均价格，大致分简单移动平均线、指数移动平均线和加权移动平均线3种，其中以简单移动平均线最常用。

当然，我们要学习的投资技术分析还有很多种，如地产投资、贵金属等，学习这些技术分析类型是我们进行投资的前提，不掌握这些基础知识，只能在投资市场乱闯乱撞，找不到方向。

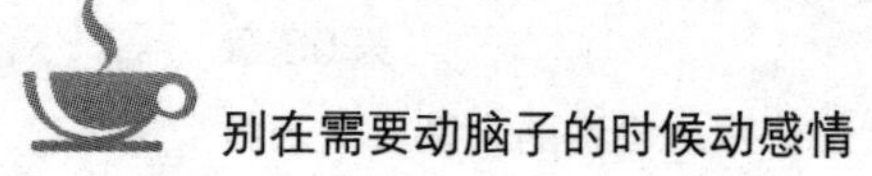

投资有风险，保住本金是基础

我们都知道，投资是钱生钱的行业，所以，最基础的就是要拥有一定的本金，如果没有本金，就无所谓投资了。而且，即便你遇到了一个再好的机会，如果你手头没有本金，那你也只能干着急，所以，除了投资行业，几乎所有的行业，要想有所发展，留住本金是基础的工作，而要留住本金的办法只有两个：快速止损、别一次下注太多。

如果你有投资经历，你可能有这样的想法：亏了点小钱倒是无所谓，但是如果亏损太多，就感到很困难了，这是人性使然。所以，在某项投资上，如果亏损太多，你的自信心一定会受到很大的打击。以炒股为例，既然你准备炒股，你就要知道炒股要么赚钱，要么亏欠。有些人一旦赚到了钱，就会在内心谴责自己当时买进的时候为什么不多买点，而且会告诉自己下次再遇到这样的机会一定要抓住，要多买进。这样的想法是极其危险的。因为我们都深知一个道理，投资有风险。还是以股票为例，如果第一手进货太多，一旦股票下跌，就进入噩梦状态了。对于每一次下跌，你都希望这是最后一次了；有时候一点小小的反弹，你都将其看成希望的兆头。很快，你的这只股票可能跌得更低，你的心又开始往下沉，你的情绪就这样被股票控制住了，你对股票也逐渐失去了理性的判断。

那么，也许你会产生疑问，面对这样的情况，该如何投资？理智的做法是分层下注。比如，刚开的时候，你的计划是买进1000股，但此时，第一手千万别买那么多，可以先买200股试试，然后看看效益如何，看看这只股票的运行是不是符合你的预想，然后再决定下一步你该怎样做。如果这只股票与你的预想相差甚远，那么，尽快止损。一切正常的话，就再进400股；情况还是很理想的话，那就再买进1000股。

任何一个行业的投资都是有风险的，而且风险是没有定规的，你不投入的话就不可能获利，但是你投入的话也有可能亏钱，所以，要承担多少风险就成了每一个投资者最为头疼的事。美国金融大亨索罗斯曾在其自传中提到他对

承担多大风险最为头疼。而实际上，要解决这一问题找不到任何一条捷径，也没有任何一个大师、专家在某部著作中给出过明确的方法，这需要我们在投资实践中根据自身的情况不断摸索。

当然，在投资过程中，要保住本金，还需要我们明确几个问题：

1.你的风险承受能力是多少

或许你会继续追问，那么，什么是我们对风险的承受力呢？最直接、最简单的方法就是问自己睡得好吗。如果你认为自己对某项投资的盈利状况担忧到睡不着，那么表明你为这项投资承担了太大的风险，你需要抛弃其中一部分，直到你认为自己能睡得好为止。

2.如果投资失利对你的影响有多大

你可以问自己，如果目前手头这项投资失利，对你造成的损失程度有多大？是难以为继现在的生活还是无足轻重？你的事业会受到多大的影响？如果对你造成的影响不是很大，就说明你承担此次风险的能力较强。

3.知晓你投入的资金是多少

这是你需要明确的一点，这样，无论你给予了多大的投资，你心里都有底线，也就是说，无论如何都要保住本金，这是我们首要考虑的，其次我们才能考虑盈利。一味地想着盈利，而忘记保本这一点，很可能让我们舍本求末，损失更多。记住这一点，也能随时提醒我们投资不能盲目，不能意气用事。

所以，我们一定要记住，在投资中，最为重要的就是要做到保本，我们要将这一点谨记在心。在投资过程中，你每犯一次错，或者是每成功一次，你都会有更深的体会，久而久之，你就能体会这一含义了，也就知道该怎样做了。当然，这需要一个过程，任何一点投资心得的获得，都不是一蹴而就的，需要我们付出心血和努力。

第07章

你还在期盼机遇的降临？告诉你，天上不会掉馅饼

我们都知道机遇对于一个人人生之路的重要性，所以，我们都希望机遇的垂青，然而，这是一个靠实力说话的时代，机遇是留给有准备的人的，有了实力，你才会被重视；有了实力，你才会有成功的资本，所以别再想天上掉馅饼的好事了。实力的获得来自于积累和学习，为此，生活中的朋友们，从现在起，你只有做到厚积薄发，努力学习，积累知识和成功的资本，你才能认识到体内所蕴藏的巨大能力，才能最终实现自己的理想。

别做梦了，天上不会掉馅饼

我们都知道，不是所有人都能事业成功、获得财富，那些成功者必定有着一些常人没有的撒手锏。就外在实力而言，当然是资金雄厚、人脉广博、技术先进的人更容易获得成功。而从内在因素考虑，那些智慧过人、乐于学习的人更容易获得成功。同样，或许现在的你没有资本，没有人脉，但你千万不能指望天上掉馅饼，而要保持学习的常态，要知道，机遇垂青于勤奋博学的人。那些甘于沉沦和平庸的人最终会沉沦和平庸下去，而那些主动执行、善于创造机会的人，则能从最平淡无奇的生活中找到一丝微弱的机会，用自身的行动改变他们的处境。生活中，一些人总是抱怨命运不公，得不到机遇的垂青，而实际上，他们只是在坐等机遇，而不是创造机遇，守株待兔通常会让机遇从身边溜走，梦想也随之成为泡影。

可能平凡的你明白天上不会掉馅饼，你也知道需要努力，需要为机遇积累实力，但这不是一句空话，更需要你付诸实践。

建筑界亿万富翁吕双辉22岁时来到深圳闯荡，在5 年的时间里，他只解决了自己的温饱问题，没有积攒下什么钱。1984年他来到新疆，在一个建筑工程队当木工。他手艺好，干活勤快，又肯动脑子，深得老板器重；工友们认为他的存在对他们的饭碗构成了威胁，他们总是想方设法地刁难他，最后竟然将吕双辉的住所洗劫一空。

一无所有的吕双辉又回到深圳。由于他为人忠厚，一个客户把70平方米的私人建筑承包给他。可吕双辉一没有设备，二没有人员，三没有资金。怎么办？他以自己的信誉作担保，以100元一条的高价从一家小店赊出“三五”牌香烟，又以60元一条的低价卖给另一个小卖部，得到现金。有了钱，他就能购买原材料，租用设备，招聘工人。他说：“其实，当时我一分钱也没有赚到，还赔进自己的工资；不过，我就是靠这个起家的。”然后，他又用“高进低出”的方法倒卖大米，得到了更多的流动资金。工程完成后，客户认为吕双辉讲究信誉，工程质量好，于是又为吕双辉介绍了两项工程。到1986年，吕双辉创立了自己的建筑队。

可能很多人会产生疑问：绞尽脑汁地寻找资金，辛辛苦苦地干活，工程质量很好，却“一分钱也没赚到”，吕双辉究竟为了什么？很简单，这是一种创造机遇的方法，也就是为了给自己做广告！虽然没有赚到钱，但他赢得了客户的信任，构建了自己的信誉，为自己的发展铺平了道路。信誉比赚钱更重要。

从吕双辉的创业过程中，我们可以得知，不要忽视我们现在做的小事，这不是无用功，而是厚积薄发，等待机遇一举成功。当然，在机遇面前，我们更需要懂得把握。

有位在澳大利亚的留学生，有一天在唐人街找工作的时候买了份报纸，看见报纸上刊出了澳洲电讯公司的招聘启事。面对年薪五万的职位，这个留学生决定试一试。他的各项条件都比较优秀，因此，他很快就在众多应聘者中脱颖而出了。留学生原以为会马上签约，不想招聘主管却出人意料地问他：“你有车吗？你会开车吗？我们这份工作时常外出，没有车寸步难行。”这名主管提出的问题是很合理的，因为在澳大利亚公民普遍拥有私家车，无车者寥若晨星，可这位留学生初来乍到还没有能力买车，也没有学车。为了争取这个极具诱惑力的工作，他不假思索地回答：

“有！会！”

“4天后，开着你的车来上班。”主管说。

四天内要买车、学车谈何容易，但为了生存，留学生豁出去了。他在华人朋友那里借了500澳元，从旧车市场买了一辆外表丑陋的“甲壳虫”。

第一天他跟华人朋友学简单的驾驶技术；第二天在朋友屋后的那块大草坪上模拟练习；第三天歪歪斜斜地开着车上了公路；第四天他居然驾车去公司报了到。时至今日，他已是“澳洲电讯”的业务主管了。

生活中的人们，如果你遇到这位留学生的情况，你是否也能像他一样谋得这份工作？这位留学生的思维方式很值得现在的年轻人学习。

生活中，我们每个人都要记住以下两点：

1.作好积累

你生活在一个充满机遇的世界里，只要你加强知识的积累，拥有敢为天下先的创造意识和勇气，把握时机，那么你就会获得事业上的成功。每次陷入绝境都是一次挑战，只要坚持一下，总有一天你会成功！

2.用心发现机遇

现实生活中的一些机遇，是要用心去发现的。如果忽视了它，这种机遇可能就毫无意义。而那些主动执行、善于创造机会的人，能从最平淡无奇的生活中找到一丝微弱的机会，用自身的行动改变他们的处境。

一个真正的将军是拼出来的

有人说，人生如梦，在须臾之间就已老去。可见，如果我们能在人生的路上少走弯路，早一点迈开成功的步伐，就能在人生的道路上走得更平稳、更顺利，也就能早日能体会到成功的喜悦。生活中的人们，纵然你现在青春无限，但唯有从现在起树立奋斗的信念并付诸实施，才不至于老之将至时悔之晚矣。因为幸福、成功等馅饼不会从天而降，这是亘古不变的道理。任何一个人，即使再天资聪颖，不付出努力，也不能有所作为。才以学为本，学而为智者；不学而为愚者。想练就非凡的技艺，就要多训练、多吃苦、多研究。在追

求卓越的路上，没有人能完全松懈。我们要像上紧发条的时钟一样。日日行，不怕千万里；常常做，不怕千万事。

任何一个成功者，无不是在认识到勤奋的重要性后就着手努力，用辛勤来浇灌成功的。

60多年前，在加拿大，有个叫让·克雷蒂安的年轻小伙子，因为曾经生过一场很严重的病，导致他左脸局部麻痹和嘴角畸形，并有严重的口吃，他在说话时，嘴巴会向一边歪，不幸的是，他还有一只耳朵失聪。

后来，一位医学专家告诉他，如果在嘴里含着小石子，可以逐渐矫正口吃。这给了这个小伙子一点儿安慰和希望，但代价是巨大的，从那以后，克雷蒂安就整日在嘴里含着一粒小石子练习讲话，以至于嘴巴和舌头都被石子磨烂了。

看到儿子训练得如此痛苦，他的母亲心疼地哭了，她抱着儿子说："孩子，不要练了，妈妈会一辈子陪着你。"克雷蒂安一边替妈妈擦着眼泪，一边坚强地说："妈妈，听说每一只漂亮的蝴蝶，都是自己冲破束缚它的茧之后才变成的。我一定要讲好话，做一只漂亮的蝴蝶。"

就这样，功夫不负有心人，在经历了长时间的矫正训练后，克雷蒂安能够流利地讲话了，他变成了一只美丽的蝴蝶。同时，由于勤奋努力，中学时代的他不但成绩优异，还获得了老师和同学们的良好评价。

1993年10月，克雷蒂安参加加拿大总理大选时，他的对手大力攻击、嘲笑他的脸部缺陷。对手曾极不道德地说："你们要这样的人来当你的总理吗？"然而，对手的这种恶意攻击却招致大部分选民的愤怒和谴责。当人们知道克雷蒂安的成长经历后，都给予他极大的同情和尊敬。在竞选演说中，克雷蒂安诚恳地对选民说："我要带领国家和人民成为一只美丽的蝴蝶。"结果，他以极大的优势当选为加拿大总理，并在1997年成功地获得连任，被国人亲切地称为"蝴蝶总理"。

一个口吃少年变成人人敬仰的"蝴蝶总理"，他真的如蝴蝶一样，实现了自己人生的蜕变。在他的成功之路上，真正的动力就是辛勤和努力。虽然他

刚开始有缺陷，但也正是缺陷的存在，才使得他认识到幸福与尽早努力的关系。

从现在起，我们需要重新审视自己，不管你的才干如何，尽早努力都会给你带来幸福：如果你有伟大的才干，勤勉将会增进它；如果你只有平凡的才能，勤勉也可以补足它。“业精于勤荒于嬉”，也许你听说过有些聪明人很懒惰，但你绝不会听说有成就的人很懒惰。所以你要时刻提醒自己：“成事在勤，谋事忌惰。”

从这一启示中，我们需要明确以下几点：

1.习惯是最好的老师

如果勤奋已经成为一种习惯，那么，它就能变成一种理所当然的事。就像习惯睡懒觉的人认为早起是痛苦的，但习惯于早起的人却把早起当作一件再平常不过的事，因为早起对于他们来说已经是一种习惯。

2.要有坚定的决心和持之以恒的毅力

这是老生常谈的话题，但依然重要。那么，如何做到中途不放弃？这需要你有良好的心态，乐观的精神和自信心。很多人选择目标后又中途放弃，就是因为觉得坚持这么久却没有成果，觉得自己做的一切没有用。其实，条条大路通罗马，既然选择了自己的路，就要毫不犹豫地走，一直在原地徘徊，犹豫不决，不知是否该前进，只能让时间白白溜走而已。

3.要找到适合自己的勤奋之道，也就是方法

你可以根据自己的性格特征找到一条自己的路。比如在看书上，每个人每天都有自己的兴奋点比较高的一段时间，你在这段时间可以看一些自己并不是很感兴趣的书籍；而在心情比较低落的时候可以看一些自己喜欢的书，调节一下。

总之，世界上没有一件有价值的东西可以不通过辛勤劳动而获得。不吝惜自己汗水的人，也必将会有丰厚的收获。一个成功者的成功之处就在于他总是比别人多付出一些，比别人多向前迈进一步。

将那些不切实际的幻想从你的脑袋里赶出去

我们都知道，对于任何人来说，脚踏实地都是最为重要的品质之一，石油大王洛克菲勒曾说："从最底层干起，一点一点地获得成功，我认为这是搞清楚一门生意的最好途径。"这句话的含义是，任何一个人，如果想获得成功，都不可能做到一步登天，更不要有不切实际的幻想，除此之外，别无他法。

里根生在一个极其普通的家庭，全家四口人只靠父亲一人当售货员的工资维持生活。生活的艰辛磨炼了里根的意志，也使他产生了出人头地的强烈愿望。

里根大学毕业后，想试着在电台找份工作，然而，每次都碰了一鼻子灰。最后，里根驾车行驶了70英里来到了特莱城，试了试爱荷华州达文波特的电台。电台主任让里根站在一架麦克风前，凭想象播一场比赛。由于里根的出色表现，他被录用了。

在回家的路上，里根想到了母亲的话："如果你坚持下去，总有一天你会交上好运。并且你会认识到，要是没有从前的失望，那是不会发生的。"

这次求职成了里根人生旅途的新起点。它使里根懂得，一个人只要有信心，能把握自己该干什么，那么就应该走出去敲那一扇扇机会之门。

事实证明，任何一个目标肯定的人，都不会迷茫，更不会中途放弃。一个人要想获得人生的幸福，那么每一天都应该勤奋工作。付出不亚于任何人的努力是一个长期的过程，只要坚持就一定能够获得不可思议的成就。

生活中的人们，也许现在的你有很多梦想，你可能希望自己成为一个著名企业家、一名人民教师、一位歌唱家等，但无论如何，你要知道，理想不同于妄想和幻想，目标要切实可行，行动要脚踏实地。这样，你离你的梦想就不远了。

看古今中外历史上的每一个伟人，无不是既拥有超前的思想和超凡的行动力，又通过发挥自己的优势而赢得荣誉的。一句话，行动促就梦想。说一尺不如行一寸，也只有行动才能缩短自己与目标之间的距离，只有行动才能把理想变为现实。成功的人都把少说话、多做事奉为行动的准则，他们通过脚踏实地的行动，达成内心的愿望。

要知道，任何人都不会随随便便成功，要成功，就要突破，就不能安于现状。想要做到突破，就要从现在开始，一步一个脚印，逐步提高自己。抓紧时间，奋斗进取，你就能拼搏出属于自己的一片天地。同时，当你跨过人生的沟坎之后，你会发现，原来，一切困难不过是前进路上的小石子，轻轻一踢，它们就滚开了。

的确，“空谈误国，实干兴邦”。大到国家，小到个人，万事万物都得由小到大。或许你现在做着看似不着边际、没有前景的工作。但我们要坚信，事物发展的道路是迂回曲折的，巴纳德说过：“机会只偏爱那些有准备的人。”成功的秘诀在于开始着手。现在就采取行动，决不拖延，行动高于一切！把握现在的瞬间，从现在开始做，心动不如行动。

“一切用行动说话”，这是我们每个人应该记住的，只有理想是不够的，理想必须付诸行动；如果没有行动，那理想永远只是空想，只是空中楼阁、海市蜃楼，永远遥不可及。

一般而论，我们的基础打得越扎实，成长、成功的高度就越高。只有将基层工作了解透了，事情做到位了，才能开始做比较复杂和难度较高的工作，这就是循序渐进。

要从基层做起，要遵循如下三点。

1.调整心态

年轻人就业从基层做起，有一个调整心态的问题。有的年轻人对从基层工作做起的观念不屑一顾，认为自己是干大事业的，这种就业心态需要调整。想干大事业，同从基层工作做起并不矛盾，把基层工作的小事情做好，就能为今后干大事业打好基础，因此，你一定要培养乐于从基层做起的心态，只有心态调整好了，才能在基层工作领域增长知识和才干。

2.耐得寂寞

基层工作大多是琐碎的，重复的，很难给人以快乐和挑战的感受，产品研发人员在生产车间了解产品生产工艺流程是琐碎的，营销员拜访客户是重复的，因此，年轻人还要培养耐得寂寞的职业操守，只有耐得寂寞的人，才能在基层工作中有所学习、有所积累，才能赢得未来的职业发展。

3.积累经验

很多企业要求员工从基层做起，其目的是为了使新员工积累基层工作经验。积累基层工作经验是最有价值的，它如同建造职业生涯大厦的基石，因此，作为职场新人，我们要有意识在企业基层工作过程中积累经验，为未来职业生涯发展奠定基础。这无疑是职业生涯的大智慧。

因此，不管你的梦想多么高远，先做触手可及的小事。梦想是一个大目标，你需要做的是完成每天的小目标，这样，你就朝大目标进了一步，每进一步，你就会增加一份快乐、热忱与自信，你就会消除一份恐惧，你就会更踏实，就会从积极的思考进展成为积极的领悟，那么，就没有一件事情可以阻挡得了你。

术业有专攻，一定要有自己的一技之长

托马斯·爱迪生曾说过："成功中天分所占的比例不过只有1%，剩下的99%都是勤奋和汗水。"这句话告诉我们，要想成功，就必须要做到专心致志于一行一业，不腻烦、不焦躁，埋头苦干，不屈服于任何困难，坚持不懈。你只有坚持这样做，才能在该专业做到突出，才能真正拥有一技之长。

的确，成功不在于做许多事情，而在于专注。把你的全部精力集中到工作中去，不要去预测它的结果，也不要为已经过去的事过分担心，这就是顺利完成一件事的最大秘诀。成功最重要的因素是比别人更努力，你永远要做的比要求的更好。

约瑟夫·格鲁尼在写给就读于西点军校的儿子的信中说："无论做什么事，不管是学习、工作还是游戏，你都需要全身心地投入。你一定要记住，做事情不能三心二意，更不要见异思迁。"

世上最大的损失，莫过于把有限的精力毫无意义地分散到很多的事情上。一个有经验的园艺家，有时会把许多能够开花结果的枝条剪去。这在一般人看来一定觉得可惜，可是他为了使果实结得特别饱满，就必须忍痛将这些多余的枝条剪掉。

爱迪生自身就是一个专注做事的代表：

他曾经长时间专注于一项发明。对此，一位记者不解地问："爱迪生先生，到目前为止，你已经失败了一万次了，您是怎么想的？"

爱迪生回答说："年轻人，我不得不更正一下你的观点，我并不是失败了一万次，而是发现了一万种行不通的方法。"

在发明电灯时，他也尝试了一万四千种方法，尽管这些方法一直行不通，但他没有放弃，而是一直做下去，直到发现了一种可行的方法为止。他证实了大射手与小射手之间的唯一差别：大射手只是一位继续射击的小射手。

的确，你可以发现，那些攀岩成功的人都有个共同特征，那就是他们不会三心二意，也不会向下看，他们会一直努力地攀登，即使脚下是万丈悬崖，他们也不会害怕。对此，我们应该有所感悟。无论是学习还是其他事情，都不要把注意力过多地放在无关的事情上，而应该先拟定一个切实可行的计划，并努力做好第一步，而后再努力做好第二步、第三步……如此一心一意，各个击破，最终达到自己的目标。

因此，生活中的人们，与其把所有精力分散到许多无关紧要的事情上，不如看准一项最重要的事业，然后集中精力，埋头去干，这样一定可以收到良好的效果。

成千上万的失败者，并不是因为他们没有才干，而是因为他们过于分散自己的精力，而且从未深入其中。如果用自己所有的精力集中去培植一株花朵，那么它将来一定会结出十分美丽丰硕的果子。正所谓"十年磨一剑"，这

一剑必是锋利无比的，与只用几天磨出来的剑是不可同日而语的。我们常说“有所不为才能有所为”，强调的也是专注的重要性。

无论做任何事，都不要企求太多。只要付出全部的精力，以一往无前、专心致志的精神去努力追求真正的价值，我们就会有所收获。

有一位画家，举办过上百次画展。在一次朋友聚会上，一位记者问他：“你成功的秘诀是什么？”

画家说道：“我小的时候，兴趣非常广泛，画画、拉手风琴、游泳样样都学，还必须都得第一才行。这当然是不可能的。于是，我闷闷不乐，心灰意懒，学习成绩一落千丈。父亲知道后，并没有责骂我。晚饭之后，父亲找来一个小漏斗和一捧玉米种子，放在桌子上。告诉我说：‘今晚，我想给你做一个实验。’父亲让我双手放在漏斗下面接着，然后捡起一粒种子投到漏斗里面，种子便顺着漏斗漏到了我的手里。父亲投了十几次，我的手中也就有了十几粒种子。然后，父亲一次抓起满满一把玉米粒放到漏斗里面，玉米粒相互挤着，竟一粒也没有掉下来。父亲意味深长地对我说：‘这个漏斗代表你，假如你每天都能做好一件事，你每天就会有一粒种子的收获和快乐。可是，若你想把所有的事情都挤到一起来做，反而连一粒种子也收获不到了。’”

20多年过去了，我一直铭记着父亲的教诲：“每天做好一件事，坦然微笑地面对生活。”

对一个领域100%地精通，要比对100个领域各精通1%强得多。拥有一种专门技巧的人，要比那种样样不精的多面手更容易成功。以十五分的精力去追求你想得到的十分的成果，它会带给我们一些真正意义上的收获。

的确，无论你想在哪个领域有所建树，都必须认真、努力，这不是一件轻松的事，它需要你不断坚持、不断探求，这样才能不断进步；并且，它还需要你有严谨的思维、踏实的学习精神，千万不能浮躁，因为浮躁心态是专注的大敌，是失败者的亲密朋友。

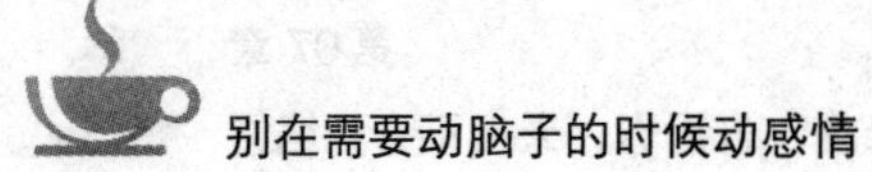

永远保持学习的状态

现实生活中，我们每个人都有自己的理想，并渴望成功，而最终能成功的人只不过是极少数，大多数人只能与成功无缘。往往不能成功是因为他们往往空有大志却不肯低下头、弯下腰，不肯静下心来努力学习、从身边的本职工作开始积聚自己的力量。要知道，只有一步一个脚印，踏实、不浮躁地学习，才能为成功奠定基础。而实际上，这正是生活中的不少人所欠缺的，有些时候，他们总是怨天尤人，给自己制订那些虚无缥缈的终极目标。而每一个成功者，他们的成就都不是一蹴而就的，他们成功的不变因素都是努力学习。

著名政治家、科学家乔纳森·威廉斯说："不管你有多么伟大，你依然需要提升自己，如果你停滞在现有的水平上，事实上你是在倒退。"

美国前总统威尔逊，出生在一个贫苦的家庭，当他还在摇篮里牙牙学语的时候，贫穷就已经向他露出了狰狞的面孔。威尔逊10岁的时候就离开了家，在外面当了11年的学徒工，每年只能接受一个月的学校教育。

在经过11年的艰辛工作之后，他已经设法读了1000本好书——这对一个农场里的孩子来说，是多么艰巨的任务啊！在离开农场之后，他徒步到100英里之外的马萨诸塞州的内蒂克去学习皮匠手艺。

在度过了21岁生日后的第一个月，他就带着一队人马进入了人迹罕至的大森林，在那里采伐原木。威尔逊每天都是在天际的第一抹曙光出现之前起床，然后就一直辛勤地工作到星星出来为止。在夜以继日地辛劳努力了一个月之后，他获得了6美元的报酬。

在这样的穷途困境中，威尔逊暗下决心，不让任何一个发展自我、提升自我的机会溜走。很少有人能像他一样深刻地理解闲暇时光的价值。他像抓住黄金一样紧紧地抓住了零星的时间，不让一分一秒无所作为地从指缝间白白溜走。

12年之后，他在政界脱颖而出，进入了国会，开始了他的政治生涯。

威尔逊是每一个美国人乃至世界人瞩目的对象，而他的成功，就是勤奋

学习的结果。学习是向成功前进的营养元素。当今社会，日益激烈的竞争告诉我们每个人，只有知识才能改变命运，只有学习才能让我们突破自我，具备竞争力。

曾经有这样一个寓言故事，也说明了这样一个道理：

在一个漆黑的晚上，老鼠首领带领着小老鼠们出外觅食。在一家人的厨房内，垃圾桶之中有很多剩余的饭菜，这对于老鼠来说，就好像人类发现了宝藏。

正当一大群老鼠在垃圾桶及附近范围准备大吃一顿之际，突然传来了一阵令它们肝胆俱裂的声音，那是一头大花猫的叫声。它们震惊之余，四处逃命，但大花猫毫不留情，不断穷追不舍，终于有两只小老鼠走避不及，被大花猫捉到。大花猫正要吞噬它们之际，突然传来一连串凶恶的狗吠声，令大花猫手足无措，狼狈逃命。

大花猫走后，老鼠首领施施然从垃圾桶后面走出来说："我早就对你们说，多学一种语言有利无害，这次我就因此救了你们一命。"

这个故事提示我们："多一门技艺，多一条路。"不断学习实在是成功人士的终身承诺。

奥马尔·纳尔逊·布莱德利将军十分注重文化素养的培养。他认为，"有知识素养、善于思考和处世灵活的士兵，才是最有价值的士兵。"并且他还曾这样说过："在西点任教，不仅使我的洞察力更为敏锐，也大大开阔了我的视野和心胸，令我变得成熟。那些年，我开始认真读书，研究军事历史和人物传记，从前人的错误中学到了很多东西。"

的确，知识就是力量，也是使人的精神变得勇敢的最好途径。对此，你应该做到以下几点：

1.多考虑自己的现在和未来，认识到学习的重要性

实际上，我们都知道学习的重要性，但这些往往是泛泛之谈，并不能起到任何实质性的作用。而一旦将这一想法与自身情况相结合，比如根据自己的兴趣树立人生目标和理想，这一想法就具备了可实施性。

2.树立不断学习的理念

学海无涯，知识是没有尽头的；同时，现今社会知识更新速度之快更要求我们具备不断学习的理念和行动。

3.付诸行动，坚持每天学习

任何知识的学习都需要持之以恒的坚持才能收到效果，也只有这样，我们才能不断拓展自己在该领域的认知度和专业度。

总之，没有哪个人可以永远独占鳌头，在瞬息万变的世界里，唯有虚心学习的人才能够掌握未来，才能获得自己想要的成功。

第08章

完美主义者？告诉你，所谓的完美根本不存在

在我们的生活中，一些人终其一生都在追求完美，然而，所谓的完美根本就不存在。要知道，事物总是循着自身的规律发展，即便不够理想，它也不会因为人的主观意识而发生改变。不完美的生活才是真实的，才是美丽的，所以，我们不能苛求自己一切完美，要容许生活存在缺陷，容许自己犯一次错，不要总是为自己无可挽回的过去忏悔，不要为那点缺憾而生气，凡事淡然一点，快乐、幸福就会常伴我们左右。

别傻了，过分追求完美主义只能让你陷入泥沼

生活中，在我们身边，有不少这样的完美主义者：他们严格克制自己的行为，不让自己的行为有半点差池，对事物也追求极致。追求完美固然是一种积极的人生态度，但如果过分追求完美，而又达不到完美，就必然焦躁不安。过分追求完美往往会令人得不偿失，甚至陷入泥沼。

有一个这样的笑话：一个人来到一家婚姻介绍所，进了大门后，迎面又见两扇小门，一扇写着：美丽的，另一扇写着：不太美丽的。这个人推开“美丽的”这扇门，迎面又是两扇门，一扇写着“年轻”的，另一扇写着“不太年轻”的。他推开“年轻”的门——这样一路走下去，男人先后推开九道门，当他来到最后一道门时，门上写着一行字：您追求得过于完美了，到天上去找吧。

笑话当然是笑话，但是说明一个道理：真正十全十美的人是找不到的，我们不要过分追求完美。

的确，世界上的很多烦恼，正是因为过分追求完美而产生的。值得我们追求的东西很多，如果我们苛求自己或别人把每一件事都做得完美无缺，那么我们将会失去很多东西。这个世上本来就没有完美的东西，如果一味地追求完美，最后得到的反而是不美。

久旱逢甘露，是不是美？是！但是，对于行进在原野上的跋涉者来说，

道路因此泥泞，就不是美；顿顿有鸡鸭，是不是美，但是，对于营养过剩者来说，也许富贵病已经不远，这也不是美。

万事万物，必然存在两面性，各有所长，也各有所短。圆物不稳，但滚动自如。方物平稳，但移动困难。但生活中的人们似乎就是不明白这个道理，总是希望任何事、任何物都变得完美起来。一旦事物的发展方向背离了自己完美的愿望，他们就会感叹人生的不易，无病呻吟；一旦按他们的想法追求到了，仔细一看，原来并没有想象中那样完美，从此便自谓看破尘世之事。好端端的人生，竟被这样的心境破坏掉了。

难道不是这样吗？恋爱时，众里寻他千百度，挑了又挑，个头儿、长相、学历、家庭、财产、地位……尽善尽美，总希望有个王子或公主在等自己、成为与自己厮守终身的爱人，而时间却在等待中慢慢逝去。最终，选择了一个自认为一般般的人结了婚。于是，完美的恋人的形象打了折扣或彻底破灭，又开始新的一轮完美追求；生了孩子，又希望孩子成为一等一的天才。于是，让孩子从小学钢琴、学绘画、学外语……从小学到大学，你都为孩子作好安排，希望他一步步完成，将来还要出国留学，哪怕自己省吃俭用，也要积攒下为孩子所用的一切钱……你把所有的希望都压在了孩子身上。但你是否想过，万一不是你理想的结局，你能承受得住吗？多少人就是这样不知道迂回，不知道变通，不知道及时而适时地调解自己的心态，心理就这样在一瞬间脆弱地垮掉了。

有这样一个故事：

有位渔夫从海里捞到一颗晶莹圆润的大珍珠，爱不释手。但是美中不中的是珍珠的上面有个小黑点。渔夫想，如能将黑点去掉，珍珠将变成无价之宝。可是渔夫剥掉一层，黑点仍在；再剥一层，黑点还在；一层层剥到最后，黑点没有了，珍珠也不复存在了。

其实，珍珠的黑点不过是白璧微瑕，正是其浑然天成、不着痕迹的可贵之处，如同“清水出芙蓉，天然去雕饰”，美得自然，美得朴实，美得真切。而渔夫想得到美的极致，在他消除了所谓的不足时，美也消失在他过于追求

完美的过程中了。美的真正价值往往不在于它的完整，而在于那一点点的残缺——如同丧失双臂的维纳斯，给人无限遐思。

在现实生活中，我们对人、对事、对自己都不宜过于苛求。否则，最终会让自己成为孤独的人，生活在孤寂和焦灼之中。生活的目的在于发现美、创造美、享受美，如果不善于发掘它的闪光点和长处，就难以找到真正的美。

人生是没有完美可言的，完美只在理想中存在，生活中处处都有遗憾，这才是真实的人生。事实上，追求完美的人是盲目的。“完美”是什么？是完全的美好。这可能么？“凡事无绝对”，哪里来的“完全”？更不要提“完美”了。既然没有“完美”，那又为什么要去追求它呢？

残缺和遗憾也是一种美

生活中，人们常常祝福他人万事如意。然而，这只是人们的美好愿望，人生的道路崎岖不平，又有谁能说自己没有走过弯路，谁的人生绝对没有瑕疵呢！又有谁能说一切尽如人意，人生没有任何遗憾呢！很多人都在抱怨自己做着自己不喜欢的工作，兴趣和工作难以统一；抱怨自己和不喜欢的人在一起生活，婚姻和爱情不能统一；还有人抱怨现在的友情没有真诚和忠诚可言，总是在关键的时候被朋友出卖；更有人抱怨命运对自己不公，自己的能力和潜力都无法得到充分发挥等。所有这些抱怨，都说明了人们在极力追求着一种完美的人生。那么，怎样的人生才是完美的人生？我们无法得知。但实际上，完美的人生是不存在的，即便有，也不能让一个人全部占有，现实中总有太多的不完美、不如愿、不尽如人意。因此，我们不妨调整心态，正视这些遗憾，把缺憾当作朋友，这样，我们的人生才能圆满。

从前，有个国王，他有七个女儿，这美丽的七位公主是国王乃至整个国家的骄傲。

这七位公主都有一头美丽乌黑的长发，为此，国王送给她们每个人一百

个漂亮的发夹。

这天早上，大公主醒来，准备梳头，却发现自己的发夹少了一个，于是，她就去二公主房间拿走了一个；同样，二公主也发现自己的少了一个，就去三公主那里拿了一个……就这样五公主一样拿走六公主的发夹；六公主只好拿走七公主的发夹。于是，七公主的发夹只剩下九十九个。

隔天，邻国一位英俊的王子忽然来到王宫，他对国王说：“昨天我养的百灵鸟叼回了一个发夹，我想这一定是属于公主们的，而这也真是一种奇妙的缘分，不晓得是哪位公主掉了发夹？”公主们听到了这件事，都在心里想说：“是我掉的，是我掉的。”可是头上明明完整地别着一百个发夹，所以都懊恼得很，却说不出。只有七公主走出来说：“我掉了一个发夹。”她的话才说完，一头漂亮的长发因为少了一个发夹，全部披散了下来，王子不由得看呆了。故事的结局，当然是王子与公主从此一起过着幸福快乐的日子。

为什么我们一有缺憾就拼命去补足？一百个发夹，就像是完美圆满的人生，少了一个发夹，这个圆满就有了缺憾；但正因缺憾，才有了无限的转机，无限的可能性，这何尝不是一件值得高兴的事！

同样，现实生活中，我们的生活也是充满遗憾和不完美的。比如，家，大家都知道这是一处放纵自我的温馨、甜蜜、幸福、闲适的自由自在的空间，如果因自己追求完美而对家人增加了许多的限制，这不准那不行，令家人不开心，也会使自己不愉快；本来大家在外面一天，言谈举止都受到多方面的限制，自己也会为了保持个人形象尽力做到最好，回到家还要受到限制，当然都会不开心的。所以，力求完美也要看时间、地点、场所，过分要求完美反倒不完美了。

再比如，很多男女双方在恋爱之初，都表现得极为完美，都极力把美好的一面表现给对方看，而另一方也会因为欣赏而用审美的心态接受对方伪装的面貌，彼此因达成的美感而步入婚姻。而一旦成为夫妻后，彼此却渐渐地发现，对方不再是初识的那个人，于是便开始了失望、抱怨、争吵。其实，我们应该明白，人还是那个人，都是普通的人，并不是完美无缺的童话中的王子、

公主，只不过你在婚前看到的都是完美的一面而已。

生活毕竟是烦琐的，适度地放松实在比事事力求完美要快乐得多，否则，把自己和周围的人都弄得紧张兮兮地，就太不完美了。不完美就让它不完美吧！既然无法达到完美，一味地追求完美岂不是给自己增添许多烦恼？所以，学会和遗憾、不完美为伴吧。否则，人生不可避免的缺憾，你怎样面对呢？

逃避不一定躲得过，面对不一定最难受，孤单不一定不快乐，得到不一定能长久，失去不一定不再有，转身不一定最软弱。别急着说别无选择，别以为世上只有对与错，许多事情的答案都不是只有一个，所以我们永远有路可以走。

你能找个理由难过，你也一定能找到理由快乐。

懂得放下的人找到轻松，懂得遗忘的人找到自由，懂得关怀的人找到朋友，天冷不是冷，心寒才是寒。人的成长伴随着一些失落，人的成熟附带着一些伤痕。好在有希望这东西，你总还可以去等；好在人与人之间，距离产生美感；好在生命里，快乐比痛苦多；好在这个世界，还有很多美丽；好在当你成熟的时候，你还不算一无所有。

摒弃完美主义，你会更可爱

生活中经常有这样一些人，他们做事谨小慎微，总是认为事情做得不到位。他们太过专注于小事而忽视全局，这主要是由于他们性格上的原因，他们对自己要求过于严格，同时又有些墨守成规。通常情况下，因为他们过于认真、拘谨，缺少灵活性，他们比其他人活得更疲惫，更缺乏一种随遇而安的自在感。

他们总有这种表现：如果一件事情没有做到自己满意的程度，那么必定是吃不好也睡不好，总觉得心里有个疙瘩，很不舒服。什么事情都有个度，追求完美超过了这个度，心里就有可能系上解不开的疙瘩。我们常说的心理疾

病，往往就是这样不知不觉出现的。过分追求完美的人，总是不想让人看到他们有任何瑕疵，他们常常过分控制敌意和愤怒，给人的感觉是过分宽容，看似开朗热情，其实活得异常疲惫。

一个被劈去了一小片的圆，想要找回一个完整的自己，到处寻找自己的碎片。由于它是不完整的，滚动得非常慢，从而领略了沿途美丽的景色，它和虫子们聊天，充分感受到阳光的温暖。它找到许多不同的碎片，但都不是原来的那一块，于是它坚持着寻找——直到有一天，它实现了自己的心愿。

然而，作为一个完美无缺的圆，它滚动得太快了，错过了花开的时节，没有听到悦耳的虫鸣。当它意识到这一切时，它毅然舍弃了历尽千辛万苦才找到的碎片。

这个故事告诉我们：正视放弃，拒绝完美，才能令我们感受到快乐。因此，日常生活中的人们，不要太苛求自己了，允许自己犯错，你会发现，这样你才能活得轻松。

追求完美，这是一种追求进步的表现，如果人们都满足于现状，那我们将会止步不前。因此，可以说，追求完美并没有什么不好，相反，很多时候，精益求精对我们的能力、知识、经验等方面都大有益处。

然而，当你已经形成一种追求完美的习惯后，你会发现，无论你做什么事情，你都刻意追求极致：如果一件事情没有做到令自己满意，那么必定是吃不好也睡不着，总觉得心里有个疙瘩，很不舒服。

可见，凡事都有个度，追求完美到了一定的程度就变成了吹毛求疵。如果不达到想象中的彻底完美就誓不罢休，那就是和自己在较劲了，长此以往，心里就有可能系上解不开的疙瘩，我们自己也会渐渐承受不了这种越来越沉重的负担。

有一个富翁因为实在太富有了，所以凡事都要求最好的。

有一天他喉咙发炎，这不过是一个小毛病，任何一位大夫都可以看得好，但是由于求好心切，他一定要找到一个最好的医生来为他诊治。

他花费了无数的金钱，走遍了各地寻找医病高手，他一地一区地走，每

个地方的人都告诉他当地有名医，但是他认为别的地方一定还有更好的医生，所以他又继续去找。

直到有一天他路过一个偏僻的小村庄，扁桃腺早已恶化成脓，病毒变得非常严重，必须马上开刀，否则性命难保。但是当地没有一个医生，这个富有的人，居然因为一个小小的扁桃腺发炎而一命呜呼！

有时候，人们同样不能正确对待他人的过失。很多人期望别人完美无瑕，常常指出别人的缺点，因为他们希望别人能够改正。其实，一个人有一个人的处世方式，在很多问题上，我们没有必要苛求别人去改正。

要知道，我们不会因为一个错误而成为不合格的人。生命是一场球赛，最好的球队也有丢分的记录，最差的球队也有辉煌的一刻。我们的目标是——尽可能让自己得到的多于失去的。那么，过分追求完美的人该如何去调整呢？

不要苛求自己。你不要总是问自己，这样做是否合适呢？别人会怎么看呢？过分在乎别人的看法就是苛求自己，你会忽略自己的存在。

要改变自己的观念。你需要明白一点，世界上没有完美的事，保持一颗平常心并知足常乐，才是最好的心境。换一种新的思路，即尝试不完美。

要改变释放方式。当你心情压抑时，你要选择正确的方式发泄，比如，唱歌、听音乐、运动等，并且，你要抱着一种享受的心情发泄，这样，你会很快感受到快乐。

让一切顺其自然。不要对生活有对抗心理，过于较真的人，他们会活得很累，因此在思考问题时要学会接纳控制不了的局面，不要钻牛角尖。

用最真实的状态来面对自己

现今社会，各行各业竞争之激烈，人与人之间的关系日益复杂，为了事业、为了前途，在领导、同事、朋友面前，有些人为了求平安，丢失了真实的自己，并美其名曰适应时代潮流。而事实上，长时间的伪装只会让自己身

心俱疲。不难发现，那些能追求真实的自我的人往往生活、工作得更快乐、更舒心。

陶渊明之所以归隐田园，就是因为他不愿伪装自己、屈尊与逢迎之流同流合污，李白的“仰天大笑出门去，我辈岂是蓬蒿人”也是一种写照。同时，那些以为伪装就能保全自己而最终玩火自焚者也大有人在。

当然，现实生活中，人们偶尔戴着面具与人交往，有时候并不一定是恶意的或者是自私的，某些时候是为了顾全大局，或者为了求得夹缝中生存，或者为了所谓的面子，但无论哪种目的的伪装，都是对最本真的自我的一种掩饰，都是一种身心的折磨，可以说，那些长久伪装的人，必然是身心俱疲的。生活中，许多人深感活着真不容易，大抵也就是这个原因。虽然现在不会有掉头的危险，也不用担心会留下千古骂名，但一个不会做自己的人，能有自己独到的见解吗？在碰到挫折时，能义无反顾往前走吗？这样的人，不仅会让人觉得没有原则，而且不会得到朋友、同事、领导的信任。

生活中，我们常常听到大人们教育孩子：“不要太有自我，要对什么人都好。”在这种情况下，许多人学会把自己包装起来。但这样做真的会有好处吗？

我们来看一下一个好学生的日记：

聪明、听话、成绩超棒、老师们都喜欢我……从小，我就是听着周围这样的赞扬长大的。周围的同学都很羡慕我，可又有多少人知道，我更羡慕他们。我知道自己并没有他们说得那么好，只是我不得不总是表现自己最好的一面。有时候，我多想做个无忧无虑的人，和其他同学一样疯玩一阵，直到大汗淋漓才停下来休息。小学里，下午第二节课后有长达半小时的课间，教室里只能留下值日生，其他人都在操场上活动。老师不允许我们剧烈运动，回教室若看到谁面红耳赤、气喘吁吁，便让他们站在门口，直到恢复平静才能进教室。尽管如此，同学们依旧先疯玩20分钟，剩下10分钟休息。而我，每次捧一本书坐在一边，却看不进什么东西。其实我也想和他们一起玩，但是我害怕。我害怕同学们说“好同学也不过如此，只会在老师面前装乖”，我害怕老师说“一点好学生的样子也没有”。每次听着老师的表扬、同学们的羡慕或不屑之词，我只有一阵苦笑。

有时，我也想放下那些做不完的作业，好好在周末休息，不往返于各种提优班之间。从小学三年级起，妈妈就提议问我是否要去上英语提优班。我真的不想去，其实我的英语学习才刚刚开始，我可不想基础还未扎稳就拼命跑。但是，我“很高兴”地答应了，妈妈也很高兴地为我报了名。于是，我越来越多的时间花在上课和写作业之间。纵然心中很无奈，但我知道我没有拒绝的权利。与其被动接受，不如主动迎接，这样起码妈妈是开心的。

有时，我也想放下顾虑，轻轻松松地学习，无论成绩如何，不受其他人的过度关注。每次考试，我都会尽心尽力，我的成绩与名次受很多人的关注。我不敢有稍稍的懈怠，不敢让自己的成绩下滑。每次我考试成绩都很好，父母也很高兴，我看上去也很高兴，可只有我自己知道内心的苦涩。

可能这是很多学习成绩优异的孩子们内心的声音，在荣誉的光环的照耀下，他们不得不变成父母、老师眼中的乖孩子，但他们内心的苦涩、疲惫以及对失败的惧怕，只有他们自己知道，也许，他们失去的更多的是一个孩子真正的快乐。

诚然，现实生活中，我们不可能毫无限制地做真实的自我，毕竟，人们常说，做人不能太单纯，应该懂得适度伪装自己。同样，不懂做人“心机”的人不仅没有内涵，也没有成功的潜质，只能是明里吃亏，暗里受气，千疮百孔，一辈子翻不了身。但为了让自己的心灵释压，让自己快乐，你不妨放下伪装，做回真实的自己，你会发现，原来，你也可以不受束缚！

第 09 章

大神的文章真的是苦心钻研出来的？告诉你，天下文章一大抄

生活中，我们常听到这样一句俗语：“天下文章一大抄，看你会抄不会抄。”

“抄”虽然一直难登正规写作教程的“大雅之堂”，但我们常能在讨论写作学习之道的不经意间与其“邂逅”，甚至那些大神们看似呕心沥血之作，也是“借用”他人的智慧。然而，“抄”亦有“道”，我们在写文章的时候，也要有自己的想法，要有自己的新意，要有自己的创作和突破，才能变成自己的文章。由这个道理引申出来，除了写作，我们也可以借助他人的力量和智慧，找到捷径，实现自己的目标。

别傻了，大神的文章很有可能是“借”来的

生活中，我们在阅读文章时，常常感叹：为什么这些大神如此有文采，能写出如此优秀的文章？而事实上，这些文章并非大神的呕心沥血之作，而是他们“借”来的。说得不好听一点，天下大多数的文人，或者大多数准备做文人者，其文章或多或少是从古人、名人、别人那里牵取腾挪而来。人脑也好、电脑也罢，都有输入存储和输出提取的特性，但凡一个成名的作者，其早期作品也多少会有模仿和因袭的影子。再从中国文字语言的特点上来讲，中国的语言常用字不过数千，即便如西方一些语言词汇量浩如烟海，常用词汇至多也不过上万，所以语句词汇的重复甚至撞车在所难免。从这两个角度上来讲，天下文章一大抄，此言诚然！

不过，想要抄得有创造性，能抄出一点名堂，用一个比较新鲜的词汇来讲，就是要清楚抄袭与抄创的差别。抄袭很容易界定，现如今不少本科及硕士论文确实逃脱不了抄袭二字。而要辨别是否抄创就不太容易了，我们国家自先秦以下，凡成名写手，十之八九也都是抄创好手。抄创的分野在此试举一例说明——伟大领袖毛主席诗词有曰：“天若有情天亦老，人间正道是沧桑”就是从宋人石曼卿“天若有情天亦老，月如无恨月常圆”这一句化来，而石则又是抄创于唐人李贺的“衰兰送客咸阳道，天若有情天亦老”。一句好诗，就被这样成功地经过两次转手，二番抄创；而后二者可以自开生面，各有己意，当然

算不得抄袭，而是抄创。

对于抄一个句子，古人美其名曰袭句，这算是抄创，同样抄一篇也有抄创的。汉时扬雄善于抄创，仿过《易经》《论语》和司马相如；唐人李商隐做诗要在案头准备好大量“备抄”之书；近人周作人亦常径直拿古人文句铺设成章；鲁迅先生的《狂人日记》、曹禺先生的《雷雨》，细究之下也都有俄罗斯前辈作家作品的影子。这样的例子，可以说贯穿了大半个中国文学史。

上面这些是抄得好的。同样也有抄得不好的，其一便是死抄。有的抄手好逸恶劳，白手起家，别人现成的整段整句原样搬来，毫不咀嚼，这样等于连学习领会的成本都不愿付出，迹近偷盗，为人所不齿。

其二也是死抄。抄得毫无水准，去菁存芜，点金成铁，把人家好好的文字白白糟蹋了。比方伟大领袖毛主席写“春风杨柳万千条”，是巧妙化用古人“一树春风千万枝”，若换了特别不会抄的，才情想象力皆无，死抄成“一树柳条千万枝”，则不但未得原句神髓，反惹暴殄天物之嫌了。

其三还是死抄。所抄的范围太过狭窄，全因抄手胸中文章寥寥，又不肯广读诗书，于是便死叮一处，死咬一篇，所悟所言亦不超过这一处一篇的血肉与灵魂，这样的抄手除了有偷盗之嫌，还一定是一个懒汉。这里不妨抄鲁迅先生的话劝勉这样的抄手：读书必须如蜜蜂一样，采过许多花，这才能酿出蜜来，倘若叮在一处，所得非常有限枯燥。

其四又是死抄。这一类抄手大概属于极度虚心的，只要是见到有文章，立即仰之弥高，也不管人家的文章是否锦绣珠玑，是否有抄的价值，统统抓进篮里便是菜，照猫画虎，结果三流的文章抄成了不入流，得不偿失。

初学写作者，为练笔计，多要经历模仿的过程，即便是死背死抄，也有益无害。古人为何在蒙学阶段有《佩文韵府》《龙文鞭影》之类？不就是供写作者抄仿借鉴辞藻和文句之用？不过万事有度，如果从始至终，写了好几年了还老是一门心思死抄做文屠，并且拿抄作为自己进身之计，到头来长进甚微不说，没准还会弄巧成拙，死抄反把自己抄死。

死抄的人毕竟不多。很多抄者是介于抄创与死抄之间。本来著书长恨古

人多是凡人之常情，文章乃天下之公，世上有文章便有抄文章。在很多人还未能上升到抄创层次的情况下，如何对待这样的抄文，便有厚道与峻急两道，近日论坛争端，也多围绕此二道展开。

如今这两个词以前者为流行，不厚道往往招人讥讽，太峻急则鲜有同人。这也很正常，因为我们的社会自古以来不太注重个人权利，不太讲究法制，而看重的是宽仁情分，鄙视的是刻薄寡恩。比如古时候的海瑞刚峻朴直，人号“刚峰”，尽管确实执法如山、刚正不阿，为人却不招旁人喜欢。对待抄深恶痛绝的人在古代还不多见，也许由于古时候没有著作权的概念，大多数古人对待抄的态度还算比较宽容。传统文人金圣叹便是如此，他曾大方地宣称抄书并无不可，理由是可令世上多一文人少一盗匪。居然能将抄上升到积功德的地步，真厚道之极也。

其实这也提醒了我们，对待抄的态度还是要看具体情况，若著文为的是娱已娱人，为了抒发情趣，传道于天下，那么不必太介意文章如何被抄，此所谓让善，当然前提是抄者也够厚道，有起码的德行，目的正当；而如果要向现代文明看齐，维护个人权利，反对不当得利，文章关乎个人利害，抄者又不够厚道，据为己有，此所谓掠美，那么当然不能对其听之任之，要坚决反对这种行为。古人也是这样辩证地看待抄的，并不是一味姑息——比如像考场抄袭之类，一律严惩。

天下文章一大抄，看你会抄不会抄

中国有句俗语，“天下文章一大抄，看你会抄不会抄”。无独有偶，伟大的作家、出版人、剧作家、文学家和社会评论家T.S.艾略特也曾说过，“优秀的作家借，伟大的作家偷。”比如，陶弘景《真诰》中曾“抄”《四十二章经》（待考），宋之问“抄”刘希夷（未遂），晏璧“抄”吴澄《三礼考注》，丘良孙抄欧阳修，卓明卿抄张之象《唐诗类苑》等。

另外，在《庄子外篇》中，曾有这么一段有趣的故事：

老师带学生去挖一个前辈读书人的坟墓。挖了一整夜，老师站在旁边问道："天都快亮了，拿到东西没有？"

学生说："已经挖开，看见死人，不过不好意思脱他身上的衣服，可是他的嘴里含有一颗珠（庄子所说的死人口的宝珠，就是"学问"）。"老师一听说死人口里有宝珠，就说："古人说得好，绿油油的麦子，要长在旷野的山坡上。人生也要在活着的时候，显示出现实的美丽来。可是，坟墓里这个家伙，生前那么悭吝，死了嘴里还含了一颗宝珠。这颗宝珠一定要挖出来才行！可是你得小心地偷。你先把他的头发抓住，压开他下巴的两边，然后用铁钉撑开他的嘴，慢慢张开他的牙关。他的尸骸骨头弄坏了没有关系，可是他嘴里的那颗宝珠，千万要小心拿来，不可毁坏。"

这里，庄子骂天下读书人"盗死人以自豪"，用今天通俗的话来说，就是天下读书人莫不拿死人、活人、国人、洋人、名人、他人的东西当自己的东西来写、来吹，即所谓"天下文章一大抄"。此外，也有这样的现象，就是少数人做了很长一段时间的"知识小偷"，"偷"了很多东西，才有了自己的东西。

比如，鲁迅的《狂人日记》被誉为"中国现代文学史上第一篇白话小说……奠定了新文学运动的基石"。（语见《辞海》鲁迅目下。）而在此将近一个世纪以前，俄罗斯最优秀的讽刺作家和批判现实主义文学的奠基人果戈里就已有过一部同名的小说。果戈里的《狂人日记》以其独特的构思，通过看似荒诞的形式，无情鞭挞了当时俄国社会的极端不平等。两个《狂人日记》不仅标题和艺术构思相同，而且人物与立意也如出一辙。后者对前者因袭得如此明显，就连鲁迅本人也承认受了果戈里小说的启示。

又如，如果你同时读《红楼梦》和巴金的激流三部曲《家》《春》《秋》，你会觉得《家》《春》《秋》仿佛是20世纪的《红楼梦》。两者都是通过一个封建大家庭盛衰历史的描写，深刻批判封建社会的黑暗与腐朽。两部名著的许多人物命运颇为相似，以至你可能分不清哪个情节属于哪部书。最后，两部书的主人公面对破落的大家庭，均愤而出走。除了历史背景有所不同

外，《家》《春》《秋》从总体上讲与《红楼梦》实属大同小异。

还有，我们先看一下俄罗斯19世纪杰出的现实主义剧作家奥斯特洛夫斯基的代表作《大雷雨》中对卡捷琳娜的介绍，“她富于幻想，爱自由，但是落入了这个伪善家庭的束缚之中。她不爱自己的丈夫。她感到沉闷、窒息，生活在痛苦与绝望之中。正在这时，卡捷琳娜遇到了一个与众不同的人，丈夫的侄子。对他的爱给卡捷琳娜的生活带来了新的意义。她要为做人的权利而奋斗，决心挣脱她厌恶的环境和生活。不自由，毋宁死。女主人公最后用自杀来表示她对旧势力强烈的不共戴天的仇恨……”把这段介绍文字中的卡捷琳娜换成周繁漪的话，那么读者不会怀疑，它介绍的就是曹禺的代表作《雷雨》。这就是天下文章一大抄！

但是，这些事实并不贬损三位作家的成就，巴金发表《家》时，只有27岁，而曹雪芹集毕生之功力尚未完成《红楼梦》；曹禺写《雷雨》时仅23岁，而奥斯特洛夫斯基发表《大雷雨》时已37岁，且距成名作的发表已有11年。而且，这三位作家对自己的创作看得并不那么神圣。鲁迅曾撰文《我怎么做起小说来了》，萧红有一次在去鲁迅家时，买了几根油条，发现包油条的纸竟是鲁迅的手稿；巴金直到晚年仍一再否认自己是文学家，尽管他是当之无愧的；曹禺当年写好《雷雨》后，放在抽屉里羞于拿出来，表现出一个习作者常有的心态。这些处女作、习作由于历史的机缘成了文学史上的名著。

可贵的是，上述三位作家后来又发表了大量优秀的作品，这些作品中因袭前人的地方也越来越少了。可见，我们有必要为“天下文章一大抄”正名、释义，它能促进人类思想的进化。而这正是本文的经济学分析的宗旨。

因此，尽管我们承认“天下文章一大抄”的事实，但“抄亦有道”。即努力提高自己的学习成本，以创新为目标，做一个“聪明的小偷”，千万别为学术理论、文学界的“劣质产品”所误，“天下文章一大抄”抄的全是文字垃圾，好比辛辛苦苦地去挖人家的坟墓，最终发现死人嘴里根本没有宝珠，而是臭气熏天，得不偿失。

将前人的经验和教训移植到自己的大脑中

在读书时代，你肯定学习过这样一个成语："他山之石，可以攻玉。"这一富有哲理的成语，最初出自《鹤鸣》。本意是：别的山上的石头，能够用来打磨成玉器。原比喻别国的贤才可为本国效力；后比喻能帮助自己改正缺点的人或意见。其实，他山之石、可以攻玉就是移植思维的典型体现。

那么，什么是移植思维呢？移植思维又叫模仿思维，即"拿来主义"，是指将已知的概念、原理或方法直接或稍加改造后借用到其他领域进行创新的思维方式。

生活中的人们，相信都见过呼啦圈儿，也玩过呼啦圈儿，那么你知道呼啦圈儿是怎么发明的吗?

这要归功于世界玩具大王路易·马克斯。那些年，他为研究南洋土著民族的游戏，亲自去南洋进行实地考察，他发现有一种套在腰间转着玩耍的木圈很有意思，回国后他便用塑料仿制了出来，这就是后来市场上大量出售并风靡全球的呼啦圈儿。

看来，呼啦圈儿并非是路易·马克斯的发明，而是他模仿、移植过来的，也就是"他山之石，可以攻玉"。

所以，要想取得成功，就必须针对问题将选取来的材料统统攫为己有，所要注意的是，千万不要机械地模仿，而要把它灵活地变成自己的东西，然后再加上自己的哪怕是一点点的独创。这样，我们就清楚了什么叫作移植。

我们再来看一个初三学生的作文：

"作为学生，我们都很羡慕那些中考状元，但其实，'他山之石，可以攻玉'，成功是可以模仿的，如果我们能学会这些中考状元的经验，相信我们一定会在考试成绩上有所提高。

这些秘诀，我花了两天时间归纳、总结、分析，并拟出了五条最主要的、最有用的学习良方。这五条良方对我触动很大，感受很深。

感受之一，学习要有计划。学习计划对于一个学生来说尤为重要。不少

状元因为学习注重计划，所以取得了优秀的成绩。他们一年四季都有学习计划，每月、每星期该干什么，都明明白白，这点令我受益匪浅。

感受之二，学习要讲效率。

感受之三，学习要重积累。这几十个状元一半以上有两个本，一个“知识本”，一个“纠错本”。

感受之四，学习要多问。

感受之五，学习要自律。我了解到，一些状元的家长并不常管他们，但都很放心。

……

现在，中考状元们都进入了自己理想的学校学习，实现了梦想。他们良好的学习方法肯定能给我莫大的帮助，使我以后的学习成绩更加优秀！”

这里，我们看到了一个善于学习的学生是如何巧妙地学习他人的学习经验的，这也是移植思维的巧妙运用。

当然，移植法的应用不是随意的，它有着自身的客观基础，即各研究对象之间的统一性和相通性；移植也不是简单的相加或拼凑，移植本身就是一个创造的过程。

火车发明后，制动器的力量太小，在紧急的情况之下，常由于不能制动而发生重大的交通事故。有一个叫作乔治的美国青年，他目睹了车祸的发生，于是萌发了发明一种力量更大的制动器的想法，这就是移植的需要。一天，乔治从当地的报纸上看到用压缩空气的巨大压力开凿隧道的报道，于是他想：压缩空气可以劈石钻洞，为什么不可以用它来制造火车制动器呢？就这样，乔治找到了“可移”之物。反复试验之后，22岁的乔治终于发明了世界上第一压台压缩空气制动器。

因此，生活中的人们，在日常的生活和学习中，都要积极地开动自己的脑筋。在思考事物时，要多调动自己的知识储备，这样，就能找到前人的经验和教训，进而移植到自己的大脑中，如此一来，很多问题便迎刃而解了。

第10章

职场成就是“混”出来的？告诉你，没有努力就没有成绩

现代职场中，不少人认为，要想职场有出息，就要学会“混”。所谓的“混”，指的是通过搞好与上司的人际关系来获得晋升，然而，职场的成功真的是“混”出来的吗？其实，若没有自我的突破和成长，你将永远是被世故禁锢在起点的平庸者。任何一个管理者的眼睛都是雪亮的，他们不但为企业寻找人才，还会企业管理人才，只有能为企业做出成绩的人，才会得到他们的认可。为此，我们每个人都要记住，职场中，没有努力，就没有成绩，更没有晋升。

上司的成就真的是“混”到的吗

生活中，三五好友聚在一起时，我们常常会谈论谁“混”得如何，在不少人看来，一个人能否获得成就，就是来源于“混”。这里所谓的“混”，指的是通过搞好与上司的人际关系来获得晋升。然而，你的上司之所以成为上司，真的就是“混”出来的吗?

实际上，上级之所以能成为上级，一定有他的过人之处。在一个单位中，上级往往是最大的风险承担者，除了要应对外界的竞争，他们还要打理方方面面的关系。可以说，领导所面临的压力是普通员工所无法想象的，而从这个角度上说，上司的晋升绝对是经过了重重选拔和能力的考验，而不是我们认为的“混”来的。

其实，无论我们从事什么样的职业，当我们跨人职场的那一刻，我们就要找准自己的位置，绝对不可要小聪明。可能你会认为，与领导的关系越亲近，对我们的职场生涯会越有利。这是一种错误的认识，你要明白，你是上司的人，上司却不一定是你的人。

小郭是个很会说话的人。大学期间，他担任了四年的学生会干部，与学校领导关系很好，于是，毕业后，他顺利地被领导推荐到现在的单位。刚上班不到两个月的时间，他就在办公室混熟了，连顶头上司王主任也很欣赏他，认为他工作能力强，会为人处世，很快，二人便以兄弟相称，一起出入各

种场合。

有一天，公司高层下发一个策划任务，需要小郭所在的部门完成任务。为了尽量让策划案尽善尽美，那些天王主任和小郭都加班到深夜。经过两个人一个星期的努力，策划案终于完成了。

这天，他和王主任一起拿着成果去找项目经理交流意见，没想到，经理居然劈头盖脸地问：“这是你们谁的策划？”小郭高兴地说：“是我和王哥两个人一起努力的成果。”

不知为什么，经理一听到小郭说这话，居然瞪着小郭，这时，王主任过来挡在前面说：“没有，他只是帮我查一下资料，这都是我做的。”一听上司想揽功，小郭倒不高兴了，还一个劲地说自己做了什么，他并没有看出其中的缘故，直到经理把方案全丢在了地上，他立刻傻了。

“你这东西卖给谁，谁都不会要，公司养你们是干什么吃的？”挨了一顿批以后，两人一起走出办公室，王主任对小郭说：“你怎么那么笨哦，都给你使眼色了！我和他之间有恩怨，但没想到他会这样报复我，我揽下事情，你干吗还喋喋不休？以后说话前动点脑子，别一五一十把什么都说出去。”

小郭觉得特别委屈，自那以后，王主任也冷落他了，公司也决定把他调到客服部门担任一个可有可无的差使。

这则案例中，新职员小郭可谓是自作聪明，他以为拉近和自己顶头上司间的关系，与上司站在同一条战线上，就能迅速在公司站稳脚跟。但其实，这种想法是错误的，因为你所在的公司并不是只有你的顶头上司这一位领导，当你和他站在一条战线上时，无疑就成了和他有过节的那些领导的敌人，甚至，在这些领导中，有比你的领导级别更高、权力更大的人，即便他无法拿你的领导开刀，对付你也是绰绰有余，而你，就成了权力斗争时的替罪羔羊。

另外，任何一个领导，都希望自己的下属能凭真本事、凭业绩获得认可，而对于成天想着混出名堂来的下属，他们和其他下属的眼睛也是雪亮的，明目张胆地与领导关系亲密，更是危险重重。

那么，具体来说，我们该怎样与领导相处呢？

1.以提高自己的工作能力来获得认同

毕竟，任何一个企业，看重的都是员工的工作能力和办事效率，领导也是如此，可以说，领导对我们的态度，也和这点有很大的关系。如果领导认为下属办事能力强、责任心强，那么他就会接纳、欢迎、鼓励下属的积极交往。反之，如果上级认为下属的素质一般、能力平平，积极交往于自己的领导工作无多大裨益，他就会表面上对你客客气气，实际上有意疏远你。

所以，作为下属，你在与领导相处的时候，不妨多请教，当你提高了自己的工作能力，能够胜任一个方面的工作，成为单位中不可缺少的骨干人才时，领导就会对你赞赏有加。

2.与同事、与领导交往，公私分明

即便你与上级、同事关系好，你也千万不要得意忘形，而应该做到公私分明，应该既有工作角色也有朋友角色，且要把握好分寸，公事就要公办，私事才能私办，不能以感情代替原则。

而如果与领导的非角色关系过于密切，其原则性就会丧失，甚至发展到以感情代替原则的地步。这样做的结果就是，一旦出现私心，不但会损害双方的工作形象，还会降低领导的威信，在群众中产生不良的影响，更为严重的，可能会为企业带来某些损失。

总之，身处职场，我们一定要搞清楚自己的位置，更要调整好自己的心态，凭自己的真本事说话，这样才不会引起领导的反感，也能在工作中避免很多不必要的麻烦！

不断学习，用实力说话

当今社会，随着知识、技能的折旧越来越快，不断学习、不断更新知识已经成为职场人士保鲜的一个重要方面，是否能适应激烈的竞争环境并不断完善自己也已经成为考核一个职场人士能否担当大任的重要因素。因此，作为下

属的我们，只有不断学习，才能成为领导眼中的有才之人。要知道，任何一个领导，都对那些愿意学习的人持良好的态度。也就是说，你不必一味地想去和领导搞关系，不要认为“混”得好就能出头，事实上，领导需要的是有工作能力的人。做好你的本职工作，不断完善自己，让所有人对你的工作都有最高的评价，如此，领导才会对你赞赏有加。

小周是某大型企业的一名员工。高考失利后，他失去了读大学的机会，十八岁的他就进了现在的这家企业。因为学历不高，他只能从事最简单的产品装配的工作，但他不甘心，于是，他利用上班之余的时间拿起了书本，自学了很多与该产品有关的知识，并自考了一些其他课程。

转眼，小周已经工作五年了。这家企业每五年会举办一个大型的青年知识大奖赛，参加这次比赛的人多半是一些高学历的人，但小周还是报名了。他的参赛作品是关于公司生产部门的机器流程改造图。公司高层一见到这幅图，就惊呆了，一个生产流水线上的工人怎么可能会制作出如此让人惊叹的图呢？于是，他们找来小周，就图纸进行了一番理论讨论，他的说明，让在座的领导们都瞠目结舌。“我看你的简历，你只不过是个高中毕业生啊，怎么会……”

“是这样的……”

听完小周的叙述，众领导一致表示：“单位的员工要是都有你这样的学习精神，该有多好啊。”

很快，小周就收到通知，他被升为了技术主管，负责他所提出的这一项目的改造工程。

这则职场案例中，我们见证了一个普通员工的升迁过程。员工小周之所以会被领导赏识，在众人中脱颖而出，就在于他不断学习、不断完善自己的知识结构，充实了原本知识和学历不足的自己。

身处职场，总是有些人会抱怨自己怀才不遇，他们抱着每天得过且过、混日子的工作态度，不但迷失了个人奋斗目标，还对公司造成负面的影响，他们总是不断被周围的新人赶上甚至超越，于是，他们落伍了。

可见，从自身发展的角度看，我们的职场命运掌握在领导手里。要想获

得领导的认同，就必须要不断学习，让领导发现我们的素质与涵养。具体来说，我们需要做到：

1.要敬业

这里有三方面的技巧要注意：

①工作中，要表现出自己对工作的敬业、毅力、恒心等。

②有效率地工作。努力工作的敬业精神值得提倡，但必须注意效率，注意工作方法，否则就会事倍功半。

③会表现，让领导看到你的努力。敬业也要能干会“道”，不必做那种永远的幕后英雄或那种吃力不讨好的事。

2.善于服从

下级服从领导本来就是名正言顺的事情，这是一种个人职业素养的体现，更体现了我们对同事、对领导的尊重，对单位和企业的认可；而更为重要的是，这是一种敬业精神的体现。

这里的善于服从，指的是：

①随时听候领导差遣，鞍前马后。

②努力完成好领导布置的每一项任务。

③主动争取领导的安排。要知道，很多领导并不希望通过单纯的发号施令来推动下属开展工作。

④主动请缨。当领导交代的任务确实有难度，其他同事畏手畏脚，而自己有一定的把握时，应该勇于出来承担，以此显示你的胆略、勇气和能力。

⑤工作要有独立性。领导每天要处理很多事务，因此，每个领导都希望自己的下属能为自己排忧解难，帮自己处理一些工作中遇到的难题。下属工作有独立性才能让领导省心，领导才有可以对其委以重任。合适地提出独立的见解、做事能独当一面、善于把同事和领导忽略的事情承担下来也是一个好下属必备的素质。

⑥要多多请示。聪明的下属，总是善于在关键的地方，恰到好处地向领导请示，征求他的意见和看法，把领导的意志融入正专注的事情。这是下属表

现自己虚心请教和学习的办法，也是下属做好工作的重要保证。这样既体现了自己对领导的重视，也体现了自己工作的严谨和细心。

3.多看到自己的不足，而不是别人的缺点

无论多么平庸的人都会有自己的优点，无论多么优秀的人也都会有自己的缺点。与我们相处的同事和领导都是人，也存在一些缺点，我们所处的职场风云变幻，同事相处要“以和为贵”。因此，不要私下或者在公开场合对同事的某些缺点发表言论。另外，我们要以人为镜，多看到自己的不足，这样才能对症下药，进行完善。

4.韬光养晦，低调谦虚

在职场中，当共事的同事发现你的优点，向你表示钦佩的时候，千万要记得说“谢谢”，然后真诚地告诉你的同事，“其实这个没什么，你也可以的”。简单的“谢谢”会让你的同事对你发自内心地赞叹。

如若我们能做到以上几点，不断学习，不断充实自己，那么，定能获得领导的认同，并得到重用！

多做少说，才能让人信服

身处职场，我们发现，一些人喜欢喋喋不休地表达自己的观点，一打开话匣子就难以再止住；稍有一点成绩，就生怕别人不知道，就开始到处“宣传”。他们误以为只要多表达就可以得到同事和领导的关注与信任；而实际上，人们更相信自己的眼睛看到的，获取信任的最佳方法并不是说，而是做。因此，在说之前，你不妨付诸行动。

我们先来看下面一个故事：

曾经有一位科学家针对一批受过训练的保险推销员进行了考察。

在这批推销员中，科学家分别抽出了业绩最好和最差的10%，然后对这两批推销员进行抽样分析，结果发现一个问题：同样是受过训练的推销员，之所以在销售业绩上有如此巨大的差异，有个很重要的原因——说话的多少。业绩差的那一部分人，每次推销时的说话时间累计平均为30分钟；而业绩最好的那一部分人，每次推销时的说话时间累计平均只有12分钟。

为什么只说12分钟的推销员却能取得比说30分钟话的人好得多的成绩呢?很简单，人们更愿意相信那些多做少说的人。古语有言：君子三缄其口。古语亦有云：不得其而言，谓之失言。人际交往中，如果你想取信于人，就一定要以高标准来要求自己，让自己多做，少说。

杰妮是个勤奋的女孩子，在大学学习期间就一直很优秀，后来，她又考取了企业管理的硕士学位。毕业后，她顺利进入一家国际性的化学公司工作。因为学历相当高，刚进公司，她就被安排在了管理层的职位上，这令很多人不满意，尤其是那些和她年纪相当的年轻人们，他们纷纷在背后说："一个小丫头片子，能有什么能力，只不过是空有高学历而已。"为了服众，杰妮请求从基层做起，这令上司很欣赏。

但杰妮是个慢性子的女孩，她做什么事都很慢，最基本的业务，别人需要半个月时间学习，她则需要两个月，这让那些嘲笑她的人更加质疑她的能力了。但杰妮并不着急，慢慢学着、记着。为此，她的上司也开始为她着急："抓紧点，杰妮，动作快一些！"

然而，杰妮的速度似乎还是那么慢条斯理，永远都不着急。看到杰妮蜗牛般的速度，人们开始不满，并用各种语言嘲笑她："如果杰妮中午为我们买快餐，估计我们要成饿死鬼了。"

即使他们这样说，杰妮也没有生气，也没有任何反驳，而是继续按照自己的进度工作、学习。

就这样，杰妮来公司也已经半年了。此时，公司决定举行一场专业知识和业务能力考试，而第一名将会被选拔为公司储备干部。

令大家奇怪的是，平时少言寡语、工作速度缓慢的杰妮却一举夺得了第一名，此时，大家才明白，多做少说、稳扎稳打才是成功的硬道理。公司所有的员工都被杰妮征服了，从那以后，杰妮成为大家信服的对象。

这则案例中，杰妮是如何做到让全公司的人信服的？就是行动！刚开始，她的工作慢条斯理、不急不躁，看似愚笨，甚至被他人嘲笑，但她并不生气，也不与之辩驳，而是拿行动来证明自己才是最优秀的。这一点，值得所有职场人士学习。

当然，这里，我们强调职场人士要多做少说，并不是说我们什么都不能说，而是要做到该说的说，不该说的绝不可胡说、乱说，并且，你还要付诸行动，当上司看到一个行胜于言的职员时，自然会对你信任有加！

总之，我们每个人都有一张嘴，语言也是人际交往中最有效的沟通渠道；但身处职场，你的领导、同事的眼睛都是雪亮的，都愿意相信那些脚踏实地的人。因此，如果你想在职场获得升迁，想取得他人的信任，绝不可说得过多，因为人们更愿意相信自己看到的而不是听到的！

有所担当，实现突破

身处职场，每个人都有自己的本职工作，对于下属来说，一般只需要完成领导部署的工作即可；而对于领导来说，则担当着为公司效益和员工利益着想的大任，因此，他们也时常希望下属能为自己分担一些工作上的压力，对于那些不甘于完成本职工作的下属，他们也会投去赞许的目光。而作为下属，我们都要明白一个道理，我们的工作能力是在不断磨炼中提高的，接受艰巨的任务便是磨炼的机会。

苏妲·莎是全球著名软件公司SAP的王牌销售员，自2000年以来，她每年都为公司带来4000万美元以上的收入。毫无疑问，这是个令人叹服的数字。她是全美国最有价值的员工之一，她身上洋溢着激情和活力，她不断挑战那些别人望而却步的艰难任务。她总是对别人说：“如果别人告诉你，那是不可能做到的，你一定要注意，也许这就是你脱颖而出的机会。”正是这种精神，使她成为南美和非洲电脑生意当之无愧的女王。

2000年，苏姐想要半导体制造商AMD公司购买他们的软件，她和负责技术采购的首席信息官弗雷德·马普联系，可是，在一个多月的时间里，马普没有回过她一次电话。苏姐不停地给他打电话，最后，马普终于不耐烦了，通过下属明确告诉苏姐："死心吧，不要再打电话过来了。"

苏姐只好另想办法。她调动起自己所有的资源和关系网，看看能找到什么突破口。最后，她发现，AMD的德国分部曾经购买过SAP的产品。这真是一线希望。苏姐联系到在德国负责这笔生意的销售代表，恳请他帮忙。在苏姐的努力下，这位德国同事找到了AMD在德国的联系人，请他去美国出差时和苏姐见上一面。这次会见，苏姐使出了浑身解数，终于促成了她和马普手下一位IT经理的面谈，这位经理随后将苏姐介绍给了马普。

能够将客户的门敲开，只是在成交过程中的艰难的第一步。征服客户，使客户愿意掏钱购买，是更为关键的一步。苏姐在和马普见面后，认真地聆听了马普对新软件的要求，并向公司作了详细的汇报，和公司的研发部门进行了充分的沟通。她一边电话追踪马普的反应，一边推动公司产品的改进，最终，马普被她打动了。这笔交易，最后的成交额超过了2000万美元。

可以说，苏姐·莎超强的工作能力就是在类似于这种艰巨的销售任务中练就的，而也正是这种能力的获得，让她成为20世纪80年代全美国最有价值的员工之一，成为一个高标准做事的女销售员。这样的员工，是每一位领导都器重和欣赏的。

那么，职场中，面对艰巨的任务时，我们该如何做呢？

1.担当重任，更容易脱颖而出

有人说过："没有人能阻止你成为最出色的人，只有你自己。"很多职场成功人士之所以能脱颖而出，就是因为他们在公司和领导最需要自己的时候敢于站出来挑战自己，接受那些艰巨的任务。假如人人都一遇到高难度的工作就畏首畏尾、害怕失败，那么所有人都将与平庸为伍，在职场中默默无闻。

2.不要被想象中的困难吓倒

可能你会觉得，既然别人包括领导都觉得此项任务艰巨，那么，完成的

可能性就会很小；但每个人的职业生涯中，都会遇到一些艰巨的、高难度的工作，而你用什么样的态度去对待，就将会有什么样的收获。假如你畏首畏尾，那么，你只能注定失败；而假如面对高难度的工作时你接过手来，并尽一切努力去完成，那么你的这种胆识和魄力，将来一定能助你成为所在行业的佼佼者。另外，既然领导已经认识到任务的艰巨，那么，只要你付出了努力，即使没完成任务，他也不会怪罪于你，反而会佩服你的勇气。

为此，当你觉得自己有能力去承担某一项艰巨的任务时，就不要考虑太多的外在因素，只要心态是正确的，加上有完成任务的实力，就应该大胆地接受。

3.尽量做到最好

同样的一份工作，不同的人会做到不同的程度。绩效出真知，这是每个企业考核员工的标准，为此，我们在接受艰巨的任务时，认为公司领导绝不会批评和责备自己就马虎敷衍的心态是绝不能有的。在完成任务的过程中，以最高规格要求自己，每一项工作都力求做到最好，对于企业来说，这才是真正有价值的员工。

当然，我们不仅要有接受艰巨任务的勇气，还要有破釜沉舟的决心，一个真正想成就一番事业的人，志存高远，心态坦然，不会以一时一事的顺利和阻碍为念，也不会为一时的成败所困扰；面对挫折，必然会发愤图强，去实现自己的理想，成就功业。

第11章

你认为喜欢是对你永恒的承诺？告诉你，充实自我才是硬道理

爱情与婚姻中，无论是男人还是女人，都希望拥有永恒的爱情，但我们要明白一个道理：不存在永恒的事物，我们要调整好心态，对待爱情，我们最好抱着“把它当奢侈品”的态度，不可强求。尤其是对于女人而言，千万不可把所有精力都放到爱情上，唯有充实自我和拥有事业才是硬道理。

那么相爱，为什么还会分手

爱情估计是世间最为美妙的东西，因此才会吸引那么多的人不断地追求与向往。爱情也应该是人世间最美好的一种情感，所以才会让人品味到一种难以言明的幸福和甜蜜。爱情还有超强的磁力，所以人们不惜耗尽一生的精力去追求这种至纯至美的情感。然而，爱情是永恒的吗？一句“我爱你”，真的就能保证彼此永远幸福吗？事实上，我们看到的是，那么相爱的人最终劳燕分飞。没错，爱情是美妙的，但对爱情我们绝对不可太过天真，要知道，一个人喜欢你≠永远喜欢你，喜欢你≠只喜欢你。喜欢是一种感觉，而不是承诺，我们千万别太往心里去。

生活中，有太多对于爱情执着的人。然而，爱是一种那么模糊的东西，你说不明白它到底是什么。它或许是你早晨睁开眼睛的一个微笑，或许是你杯子里热腾腾的绿茶，或许是恋人的一个含情脉脉的眼神，或许是爱人在你肩头的一个细微的抚摸，或许是深夜孤独时美丽的灯光，或许是你寂寞时节里的一个祝福的短信……你不能说明白它到底是什么，然而它却在你的身边环绕着。

你对佛说：“为什么属于我的爱我得不到，为什么让我那么悲伤，为什么执着的我那么受伤害？”佛说：“有一些东西本不该属于你的，有一些东西只要你曾经拥有过，就应该叫作幸福。因为有一种爱叫作放手。”

小燕和阿飞是大学同学，他们同时就读于艺术系。小燕的家庭环境比较

好，从小被父母捧在手心里；而阿飞则来自于农村，父母都是农民，但这并没有让他觉得自己不如人，相反，他用自信和细心打动了小燕。

阿飞很善于制造浪漫，在读大二的一个晚上，他用一个多星期的生活费买了漂亮的玫瑰花和蜡烛，在小燕的宿舍楼底下摆成了“I LOVE YOU”，然后深情地对楼上的小燕唱《对面的女孩看过来》，接着就是一番表白，这样的爱情攻势小燕哪里能抵挡得住，当天晚上，小燕就答应了阿飞的约会。

时间过得总是那么快，很快，他们毕业了。他们在上海租起了房子，他们需要为柴米油盐担忧，阿飞再也没有精力去制造浪漫了，而小燕则还是和以前一样疯，还是希望阿飞能经常给自己制造浪漫，她开始抱怨阿飞不爱她了，阿飞也只是淡淡地回答：“你想多了。”后来，小燕就喜欢上了上海的夜生活，她总是醉醺醺地很晚才回家，再后来，她开始夜不归宿。阿飞明白，即使自己再爱小燕，他们也回不到从前了。

在毕业后的半年，小燕就离开阿飞去了北京，而阿飞则留在了上海，过着他平淡的生活。

其实，无论是男孩还是女孩，都希望拥有矢志不渝的爱情，然而，爱情总需要经受太多的考验，当我们经受不住考验的时候，曾经的爱也就要夭折了。

在古老的中国，芍药一直是爱情的旋律，浪漫的山歌。它那“美丽动人”“依依不舍，难舍难分”的花语，“将离草”的别称，彰显着悲剧结局的必然性。悲伤很容易，幸福却很难，因此琼瑶才会执笔写下一幕幕辛酸的爱，复杂而又简单，浑浊而又清澈，自私而又纯洁。爱是单行道。混乱的字眼描述不出爱的沉默，所以才会执着。

然而，一个人失恋不可怕，可怕的是失去自己，没有勇气重新开始。一个为爱而自怜伤叹、每晚伤心抽泣的人，到头来只能赢得他人的耻笑，而不是同情！

许多人会在恋爱中迷失自己，找不到自我，甘心付出很多，结果却是一败涂地。如果说杰克死后，露丝也跟着沉到海底，那么就没有了那感人至深、

赚了观众无数泪水的《泰坦尼克号》。爱情的意义不是让一个人为另一个人牺牲，而是两个人共同付出，彼此幸福。你最需要的是从童话中走出来。

我们都是平凡的红尘男女，挣脱不出爱恨纠缠的情网，逃离不掉爱与被爱的旋涡。心碎神伤后，是漫无止境的寂寞。寂寞吗？或许吧。但是细细体会寂寞后的洒脱，想想除他以外的快乐，想想再也不用为了猜测他的心思而绞尽脑汁，会不会轻舒一口气，感觉轻松一点？

面对爱情中的背叛，该如何理性处理

我们每个人都希望自己能收获一份甜蜜的爱情，与自己的爱人长相厮守，这是我们的美好愿望；但实际上，并不是所有人都能时时刻刻享受到甜蜜的爱情。最令人们伤神的是遇到感情危机，令良好的情侣关系难以为继，此时，该如何是好呢？好言相劝有时候并不见效，而苦苦哀求也只会让你丧失尊严和人格，死缠烂打更是会让对方心生厌倦，此时，你应该做的是冷静下来，不与自己，也不与对方斗气，理性处理，宽容对方，让对方重新感受恋爱与婚姻中的甜蜜，从而让爱情绝处逢生。

一名男子在经历了几年的事业打拼后，终有所成，但对自己的婚姻产生了厌倦的情绪，对妻子的闺蜜产生了好感。在几经思索后，他决定邀请妻子闺密，而对方也答应了他。

出门的时候，他向妻子撒了个谎，说晚上有应酬，晚点回来，妻子也没说什么。

男子如约而至，妻子的闺密已经等候已久。于是，男子开始与其交谈，席间，自然免不了谈及他们共同熟识的人——妻子。男子抱怨妻子如何如何地让他感到厌倦，说妻子只懂得柴盐油米，不懂得浪漫。他试图握住妻子女友的手表白心意的时候，妻子女友对他说，对不起，时间到了，我答应了我的朋友。

他惊讶地问："你朋友是谁？"

妻子女友说："你的妻子。"

他愕然了，一副垂头丧气的样子。他居然觉得很惭愧，怎么能这样对待勤勤恳恳的妻子呢？

他拖着沉重的脚步推开家门的时候，妻子在等他。妻子对他说，这不怨你，我还有做得不好的地方。他感到无地自容，只有深深的愧疚和感动。他们俩紧紧地拥抱在了一起。

后来的日子，他们彼此之间多了一份信任，一分恩爱。

对待爱人感情的出轨，一百个人有一百种处理方法。有的人以报复来求得心理平衡，有的人扯着对方的衣领闹得沸沸扬扬，有的人找"第三者"撕打成一团。但故事中的妻子是一位大度的女人，当朋友告诉她丈夫有出轨的想法时，她并没有气势汹汹地和丈夫吵闹，而是给丈夫一次反思的机会。然后心平和气地承认自己的不足，并表示自己是爱丈夫的。她的智慧与宽容挽救了她的家庭，保全了自己的幸福。

那么，如果你遇到这样的问题，你又会怎么处理呢？无论是爱情还是婚姻，如果出现第三者，那么双方都有着不可推卸的责任，这是情感专家调查的结果。而此时，宽容就是一服拯救婚姻的良药，不仅能帮助双方增进感情，更能把对方的"情感走私"扼杀在萌芽状态。

当今社会里，物欲横流，感情泛滥，情又为何物？婚姻、爱情总是被背叛、出轨、一夜情这样的毒素所充斥。一些男人女人经常会用一句最简单的话——"对爱人没有了激情"——作为出轨的理由，去追寻激情。激情过后，他们才发现外面的世界虽然精彩，却充斥着无奈和虚伪，平淡才是真，爱人才是自己永远的守候。在此过程中，作为受伤害的一方，如果你向爱人表达愤怒、不满甚至与之展开战争，那么，只会加快对方离开的脚步；而如果你能冷静处理，尊重其选择，那么，他必然会顾及旧情，念及你的明理、善良，这样，婚姻才会有转机。

婚恋中，从"相敬如宾"到"相敬如冰"再到"相敬如兵"，从一往情

深到两情相悦，从相看两不厌到相看两厌，从“执子之手与子偕老”的美好夙愿到“转过身之后从此陌路”，感情蜕变之神速让人难以承受。当婚姻里的情感陷入危机时，你也可能会慨叹“早知今日不该当初”，就会觉得“如果当初如何如何，现在就不会怎样怎样……”但处理感情问题时切不可暴躁，必须冷静。冷静才能分析出问题的根源。如果冷静分析之后，还找不到在一起的理由，那就应寻找出路了。

现代爱情和婚姻已经越来越宽容，爱不是卖身契，谁都不是卖给对方的，有缘分才能一辈子白头到老，没有缘分大可不必强迫对方跟你“从一而终”。该是你的，永远会是你，不该是你的，强迫的婚姻没有任何幸福可言。

总之，生活中的人们，如果你遇到感情亮起红灯的情况，请冷静处理，不激化矛盾，不扩大纷争，这样既是保护自己，也有可能给婚姻挽回一线生机。退一步讲，即使分手也并不是世界末日，面对分手，从心灵上呵护自己，从经济上考虑自己，是很有必要的。因为即使没有了婚姻，生活也要继续……投入地爱，但不失去自己，的确是现代女性面对婚姻所需要的基本智慧。

唯有事业掌控在自己的手中

很多女人认为，自己就应该相夫教子，以家庭为中心，做个贤妻良母，这才是一个女人的任务与责任。于是，这些小女人在家庭中觉得自己很幸福，做一些力所能及的家务事，就算自己曾是学校的、社会上的得力干将，一旦走进婚姻，就选择躲在老公的肩膀下过着安逸的生活并因此而满足。时间飞逝，她们渐渐被家庭阻断与外界的联系，自己也慢慢被社会淘汰。但她们没有想到的是，未来总是无法预测的，而随着时间的推移，婚后，女人开始慢慢失去了往昔的魅力，而对于男人来说，却迎来了事业的高峰。于是，不同的生活环境的变化，导致彼此之间的矛盾增多，男人开始厌烦女人逐渐老去的容颜，而女人也发觉了男人的变化。于是，婚姻危机即将爆发，到最后，女人除了奉献的

青春，毫无所获！

曾经有位女企业家这样说：“今天，情感已经变得相当不稳定。把成功寄托在男人身上的女人，将可能品尝苦果。自己的事业，只要努力，多少都会有收获，至少，事业不会背叛你。”

聪明的女人，你必须要记住一点，婚姻可能有变故，感情可能会淡化，唯有事业能掌握在自己的手中。你一定要有一份工作，有稳定的收入，只有经济上的独立才能保证人格的完整。不要听信男人的话，说什么“你在家享福，我来养活你”，当他把钱放在你手上时，你会觉得他像在施舍一个乞丐，你一点尊严都没有。

萍萍曾经被大学同学评为系花，加上能歌善舞，是男同学心中的雪莲。毕业后，她到了一家报社。由于勤奋和悟性，萍萍在两年内便成为业界颇有名气的时尚编辑。

这期间，她认识了一个房地产商。他离过婚，并且有一个5岁小孩。他不是萍萍心中的白马王子。但房地产商认准了萍萍，他用成熟男人和成功男人的气势征服了萍萍。而萍萍也在亲朋好友的鼓励下，一帆风顺地嫁了个有钱人，收获了一大堆艳羡的目光。同学们都说萍萍是个成功、幸福的女人。萍萍自己也觉得幸运。在老公的要求下，萍萍辞去工作，在家做起全职太太，相夫教子。

老公早出晚归，寂寞是萍萍白天的主题。接送孩子上学放学，是萍萍唯一的活动。不喜欢打麻将、斗地主的萍萍常常在空荡荡的别墅里发呆。为了打发时间，她甚至辞去保姆，自己做清洁，做饭。但这样一来，她连个说话的人都没有了。

一过就是四年，原来生机勃勃的萍萍变得无精打采。就在此时，萍萍觉得老公有了变化，先是经常凌晨三四点才回家，后来竟夜不归宿，并且没有任何解释。有朋友曾经委婉地提醒她要注意一下老公的行踪，但萍萍总是善解人意地说他很忙很累，有些应酬身不由己。

直到有一天，百无聊赖的萍萍和朋友去逛街，无意中看见老公挽着一个

年轻靓丽的女子，萍萍才如梦初醒。原来老公早在一年前便包了“二奶”。

痛定思痛。萍萍选择了离婚。

凭借以前的工作基础，萍萍迅速打探到一个服装品牌欲进入重庆市场，便动用一切资源争取到代理权。

萍萍全身心地投入到自己的工作中，常常忙到很晚，销售额日渐增长，萍萍很开心。她制订了更详细的营销计划，向厂商争取到成都、昆明市场的总代理权。

如今，萍萍不仅在事业上如鱼得水，还越来越有魅力，白马王子也来到了她的身边。

萍萍的经历给生活中的很多女人敲响了警钟。女人要有自己的事业，这里所说的事业并不是指你非得要做出惊天动地、一鸣惊人的事才算事业，而是你应该有自己喜欢做的一项工作，喜欢的一件事，持之以恒地做下去，并能供自己生活的来源，即使不足以完全解决自己的生活来源，也要尽可能在精神上做到独立。

为此，你需要做到：

1.要自立、靠自己

作为一个女人，你要记住，决不能靠男人，靠得住的永远只有自己，因此，不要给自己的不自立找任何的借口。你的生活重心可以不在自己，但必须把自己的生活重心掌握在自己的手里；你也不要把家庭的责任全交给男人，你也需要撑起半边天。

2.最好也要先立业后成家

当今社会，女人也和男人一样接受高等教育、凭本事吃饭，一个家里的两个人是平等的。地位平等，责任也平等。因此，如果你想嫁个优秀的男人，那么，你首先要在结婚前让自己变得优秀起来，即先立业后成家。

总之，女人如果想更好地关爱自己，更应当有自己的事业，一个拥有自己事业的女人，是勤劳自强的象征。女人千万要把握好自己的方向、自己未来的路如果为自己找个依靠，选择大树下面乘凉，渐渐被社会淘汰确实不是什

么聪明之举。同时，女人要懂得在不同的地方施展自己的魅力，发挥自己的长处，去努力争取，努力拼搏，去追，去赶，去实现自己的人生梦想。岁月匆匆，人生短暂，身为女人，面对激烈的社会竞争、紧张的生活节奏、复杂的人际关系，如何活得精彩，都和女人是否有自己的事业有直接的关系！

失恋后的自我调节

每个人都向往美好的爱情，而爱情本身是一种美。然而，有恋爱就有失恋。失恋这种痛苦的情感体验，会给人们造成不同程度的心理创伤，往往会使人处于强烈的焦虑、自卑、悲伤甚至绝望的消极情绪中，也会使一些人产生自暴自弃、对人不信任、猜忌、报复等不良心理障碍。从这个角度讲，失恋可以称得上是人生中最严重的心理挫折之一。然而，失恋也是个人成长的一部分，如果能正确对待，它就会成为生命中的一种蜕变和提升！因此，任何一个人，都必须以达观的心态面对爱情，要学会坦然面对爱情带来的悲欢离合，走出失恋的阴影，经历成长，继续在美好的人生路上轻舞飞扬。

他是一名大学教师，已经三十几岁的他，还没有找到对象，家里急了，他自己也急了，于是，在朋友的介绍下，他认识了在某事业单位的她。见面之初，他们都对彼此的谈吐很中意。很快，在所有的亲朋好友的祝福下，他们结婚了。

但真成为夫妻后，他们才发现彼此在很多问题上存在很大的分歧，于是，他们经常吵架，没有哪一天是安静的。最终，刚结婚半年的他们，就决定离婚。但令周围朋友奇怪的是，离婚后他们的关系反倒好了，彼此间遇到什么麻烦事，对方总是出手相助。他开玩笑地和朋友说："可能是婚姻束缚了我们吧！"

的确，正和故事中的男女主人公一样，当爱情不存在的时候，如果我们还死死抓住，不肯放手，那么只能伤人伤己，而适时放手，则是一种解脱。因

此，分手，失恋，都不必太在意，因为昨天即使再美好，也必将成为过去，今生还有很长的路要走，更重要的是过好今天，把握明天；又不可能不在意，毕竟经历过，付出过，期待过，追求过，也曾经拥有过。

张小娴曾说过这样一句话：“谢谢你离开我。”这句话是要告诉所有处在失恋痛苦中的人们，爱情让人成长，失去的是一段感情，但你获得的，是人生的一次体验和成长。感谢那个离开你的人，是他让你变得更好。

失恋是一种特殊的情绪体验，如果说失恋是什么感觉，那么谁也说不出来。失恋引起的主要情绪反应是痛苦与烦恼，为此，我们有必要学会在失恋后进行心理调节，只有这样，我们才能正确对待和处理这种恋爱受挫现象，愉快地走向新生活。

那么，失恋后，我们该怎样调节自己呢?

1.尽情地发泄失恋后的不良情绪

不管是什么人，再怎么坚强，失恋后都难免会产生焦虑，抑郁等不良的情绪状态。而那种想哭又不敢哭，甚至还要强颜欢笑，表面上看起来好像很坚强的做法，其实会给自己造成非常大的伤害。任何人都应该有哭的权利，尤其是在失恋之时。不能在众人面前哭的人，可以找个地方私下痛哭一番；不习惯大哭一场的人，也不妨让自己的眼泪尽情流出来。

2.正确认识失恋

恋爱与失恋都只是一种选择的结果，他没有选择你，并不是表明你一无是处，而是彼此不合适而已。

你从失恋中获得的，是其他任何经历都不能给予的财富，在这个过程中，可能你会体会到一种难以遏制的痛苦、一种心灵的冲击，但正是因为这样，你更应该把它当成一笔人生的财富，它使你有了更多的人生体验，使你在失恋中变得更加成熟。

失恋是另一场爱情的开始，你要明白，可能失恋对于你来说是一次挫折，但也给了彼此另一次恋爱的机会。

3.学会坚强

失恋者在初期最常见的情绪反应就是丧失信心、自怨自艾、愤愤不平，觉得无脸见人，或自甘堕落、逃避现实。报复之法不可取，而自己灰心丧志，每日以泪洗面，误了正事，可怜之至，也不是应有的行为。因为这些举动，只会使对方更加得意忘形，对自己没有丝毫的益处。

处理失恋后的愤愤不平，最好的方法是好好过日子，自立自强，活得比以前更好，努力使日后的学业、事业更加进步，将来娶（嫁）一个比原来更好的对象。

一般来说，失恋后三个月左右都能自我调整，如果三个月到六个月还无法自我调整，那么就需要向专业的心理咨询师进行情感心理咨询。

第12章

丰富你的眼界就是见世面？告诉你，真正的见世面是与优秀的人为伍

现实生活中，我们都知道，饱览名山大川、阅读书籍、欣赏艺术作品等都能丰富我们的眼界、陶冶我们的情操，然而，这并不是真正的见世面。事实上，与人接触才是个人成长过程中重要的一课。与什么样的人交往，决定了我们会形成什么样的性格、什么样的阅历。与那些优秀者为伍，我们在所言所想、所见所闻上都会受到正面、积极的熏陶，使自己得到长足的发展；相反，如果与恶人为伴，那么自己必定遭殃，即使是和狭隘的、自私的人交往，危害也可能是极大的。

丰富你的眼界就是见世面

生活中，相信我们很多人都希望自己能够知识渊博，能谈古论今。而要想成为这种见过世面的人，估计很多人都会认为，我们需要穿行于展览馆、欣赏高雅的话剧歌剧，或者去周游世界。的确，这些活动能充实我们的眼界，然而，真正的世面绝不是纸上谈兵，而是要经历世事，而让我们成长的方法就是和优秀的人一起共事。

世界银行高级副行长兼首席经济学家林毅夫能够拜在著名教授舒尔茨的门下学习经济学，就缘于他在一次义务翻译工作中结识了舒尔茨教授。

1980年，获得诺贝尔经济学奖的舒尔茨教授应复旦大学邀请进行学术访问，访问结束前到北大演讲。时值中国高考恢复不久，学校找不到英语专业又熟悉西方市场经济学的学生做翻译。林毅夫是个特例，他原是从金门泅游到大陆的台湾军官，在台湾已经获得过企业管理学硕士，再加上英语基础好，便担任了舒尔茨教授的翻译。在翻译过程中。林毅夫让舒尔茨教授深感惊讶和欣赏。舒尔茨教授回国后，主动写信给北大经济学系以及林毅夫本人，邀请他到芝加哥大学经济学系攻读博士学位。1982年，林毅夫来到芝加哥大学，80岁高龄、已有10年没有带过博士生的舒尔茨教授破例将其招为关门弟子，正是芝加哥大学的留学经历为林毅夫日后的事业发展打下了坚实基础。

的确，林毅夫十分幸运，因为结交了博学多识的舒尔茨教授，他的人生

从此辉煌起来。当然，结识那些文化层次高的人，并不是非要从他们身上得到实质性的帮助，才算得到了好处。有些人，我们仅是和他在一起，就可以获得益处。腹有诗书气自华，和他们相处，我们能感受到来自他们身上的一种优雅的气质，这就是一种享受；与他们交谈，我们能了解到世界上很多我们不曾了解过的地方。他们就像一本书，了解他们，解读他们，我们的人生从此变得不再浅薄。

的确，每个人交朋友的标准都不一样，有些人喜欢结识能力、经验都不如自己的人，因为这样，他们能获得一种快感，一种满足。但聪明的人绝不会这么做，因为他们懂得“和什么人交往，就会变成什么样的人”的道理，所以他们会努力结交一些比自己更优秀、更聪明、更有能力的人，这样不仅有利于提升自己的能力，更能在日后得到他们的帮助。

我们先来看看保罗·艾伦和比尔·盖茨之间的友谊：

保罗·艾伦是微软的创始人，他多次在《福布斯》富豪榜上名居前列，2005年再次排行第7位。

如今已六十多岁的保罗·艾伦，似乎一直以来都被掩盖在比尔·盖茨的光环之下，人们只知道他和比尔·盖茨共同创立了微软，却忘记了正是他把比尔·盖茨引入到软件这个行业。而就是这样一个软件业精英，一个富于幻想的开拓者、一个为玩耍一掷千金的豪客、一个总是投资失败却成功积聚巨额财富的商界巨子，却在创造着一个传奇——他有取之不尽的财源、独树一帜的投资理念，也有与众不同的成功标准。

1968年，与盖茨在湖滨中学相遇时，比盖茨年长两岁的艾伦以其丰富的知识折服了盖茨，而盖茨的计算机天分，又使艾伦倾慕不已，就是这样，两人成了好朋友，随后一同迈进了计算机王国。艾伦是一个喜欢技术的人，所以，他专注于微软新技术和新理念，盖茨则以商业为主，销售员、技术负责人、律师、商务谈判员及总裁一人全揽，微软两位创始人就这样默契地配合，掀起了一场至今仍在如火如荼地进行的软件革命。

有人说，没有保罗·艾伦，微软也许不会出现，但如果不是托盖茨的福，艾伦也许连为自己的“失误”买单的钱都不可能有，而这并不是偶然，比尔·盖茨曾这样说过：“有时决定你一生命运的就在于结交了什么样的朋友。”换句话说，从某种角度而言，你与之交往的人或许就是你的未来，保罗·艾伦与比尔·盖茨就是这样互相决定了未来。

保罗·艾伦与比尔·盖茨的故事告诉我们一个道理：与最优秀的人在一起，优秀将成为一种习惯。机会不是天外来物，而是人创造的，能力突出的人显然会带给你更好的机会，更重要的是与他们相处可以提高自己的能力，不仅可以从他们的成功中学到经验，还可以从他们的教训中得到启发，我们甚至可以根据他们的生活状况改进自己的生活状况，成为他们智慧的伴侣，这自然也会使我们变得更优秀。

近朱者赤，近墨者黑

中国人常说：“物以类聚，人以群分；近朱者赤，近墨者黑。”稍微细心一点，你就会发现，在现实生活中，医生的朋友，通常也都是医生；出租车司机的朋友，通常也都是出租车司机；当老板的人，他们的朋友通常也都是老板；亿万富翁的朋友通常也都是亿万富翁……

一个生活在穷人堆中的人，要想成为富人，很多时候必须和自己这个阶层说拜拜。这绝不是背叛，而是一种自我发展和改造。

具有优秀品格的人会给生活在他周围的人向上的格调，提高他们对生活的激情。同样，一个品德败坏和堕落的人，也会不知不觉地降低和败坏同伴们的品格。与品格高尚的人生活在一起，你会感到自己也在其中受到了升华，自己的心灵也被他们照亮。

孟母三迁的故事说明了环境对人的影响，我们在交友的时候，一定要懂得“近朱者赤，近墨者黑”的道理，取长补短，分清良莠，尽量和比自己优秀的人交往，“见不贤而内自省”才能进步。

孟子，名轲。战国时期鲁国人。三岁时父亲去世，由母亲一手抚养长大。孟子小时候很贪玩，模仿性很强。他家原来住在坟地附近，他常常玩筑坟墓或学别人哭拜的游戏。母亲认为这样不好，就把家搬到集市附近，孟子又模仿别人玩做生意和杀猪的游戏。孟母认为这个环境也不好，就把家搬到学堂旁边。孟子就跟着学生们学习礼节和知识。孟母认为这才是孩子应该学习的，心里很高兴，就不再搬家了。这就是历史上著名的“孟母三迁”的故事。

对于孟子的教育，孟母更是重视。除了送他上学外，还督促他学习。有一天，孟子从老师子思那里逃学回家，孟母正在织布，看见孟子逃学，非常生气，拿起一把剪刀就把织布机上的布匹割断了。孟子看了很惶恐，跪在地上请问原因。孟母责备他说：“你读书就像我织布一样。织布要一线一线地连成一寸，再连成一尺，再连成一丈、一匹，织完后才是有用的东西。学问也必须靠日积月累，不分昼夜勤求而来。你如果偷懒，不好好读书，半途而废，就像这段被割断的布匹一样变成了没有用的东西。”

孟子听了母亲的教诲，深感惭愧。从此以后专心读书，发愤用功，身体力行、实践圣人的教诲，终于成为一代大儒，被后人称为“亚圣”。

孟子的母亲因为怕孟子受到邻居的某些不良影响，连搬了三次家，这就说明了这种“榜样”的作用。

因此，在与人交际的时候，我们要想交到真正的益友，就应该擦亮眼睛，要先学会从各个方面考验对方的秉性、人格等，毕竟，只有交到好的朋友，你才能受益一生，得到无限的乐趣，不会受到伤害，甚至遇到人生中的“贵人”；若交到不好的朋友，要想不走入歧途、不倒霉则是很难的。

如果你想了解你的朋友，其实有很多方法，你可以通过他周围的某个朋友了解他，毕竟物以类聚、人以群分。要知道，一个饮食有节制的人自然不会和一个酒鬼混在一起；一个举止优雅的人不会和一个粗鲁野蛮的人交往；一个洁身自好的人不会和一个荒淫放荡的人做朋友。和一个堕落的人交往，表示自身品位极低，有邪恶倾向，并且必然会令自身的品格走向堕落。

那么，究竟什么样的人才真正值得我们结交？益友首先要对人、对事真

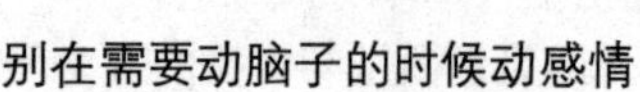

诚；其次，要可以与人同欢乐、共伤感，不计较得失。此外，我们要明白这几点：

1.明白信任对于朋友的重要性

信任是相互的，相互之间的信任才是建立和维系友谊的根本，古语有云，“信人者，人恒信之。”要想让朋友信任你，就必须先信任朋友。

2.对待朋友要大度宽容

做人要大度，所谓“人非圣贤，孰能无过”，朋友也会犯错误。在与朋友相处时，对待他的一些错误，我们要尽量放下，不要总是抓住不放，这才是让友谊天长地久的方法。

3.要在朋友困难时给予帮助

俗话说“交友交心，浇树浇根”，患难之中才能见真情，真正的朋友是能分担你忧愁和痛苦的人，也最能经得起时间和磨难的考验。整日甜言蜜语的人不是真君子，在你人生得意时警醒你的人才是真正的朋友，他们不会大难临头各自飞。

4.用感情来维系友谊

友谊是靠感情来维系的，而不是靠金钱、礼物来维持的，用物质来维持的友谊是表面上的友谊，经不起任何的风吹雨打，而情感维系的友谊则是至真至诚的!

俗话说：“学好千日不足，学坏一日有余。”我们需要的是与我们共进退，为我们排忧解难的朋友，或许这样的朋友并没有高官厚禄，不能让我们平步青云，却能在关键时刻给我们以安慰和告诫，让我们走得正、行得直!

与优秀上进者为伍

有人说，人就像一个磁场，无论什么样的人都会像磁场一样影响别人，就像积极阳光的人让你豁然开朗，开心豁达的人让你心情舒畅，积极的人给

你以积极的影响，消极的人给你以消极的影响。有句谚语叫作：跟着好人学好人，跟着司娘跳假神。

“积极的人像太阳，照到哪里哪里亮；消极的人像月亮，初一十五不一样。”和什么样的人在一起，就会有什么样的人生。和勤奋的人在一起，你不会懒惰；和积极的人在一起，你不会消沉。

科学家研究认为：“人是唯一能接受暗示的动物。”犹太经典《塔木德》中有这样一句话：“和狼生活在一起，你只能学会嗥叫；和那些优秀的人接触，你就会受到良好的影响。”积极的暗示，会对人的情绪和生理状态产生良好的影响，能激发人的内在潜能，发挥人的超常水平，使人进取，催人奋进。因此，人际交往中，如果你想提升自己的价值，有一番作为，就远离消极的人，而与积极上进的人为伍吧！否则，消极者会在不知不觉中偷走你的梦想，使你渐渐颓废，变得平庸。生活中最不幸的是：由于你身边缺乏积极进取的人，缺少远见卓识的人，使你的人生变得平平庸庸，黯然失色。

古有“孟母三迁”，足以说明和谁在一起的确很重要。雄鹰在鸡窝里长大，就会失去飞翔的本领，还怎能搏击长空，翱翔蓝天？野狼在羊群里成长，也会“爱上羊”而丧失狼性，还怎能叱咤风云，驰骋大地？

相信我们都听过这样一个故事：

有一天，一个生物学家经过一家农场，看见鸡舍里的鸡群中有一只老鹰，于是就问农场的主人，为什么鸟中之王会落魄到这般与鸡为伍的地步。农场主说：“因为我一直喂它鸡饲料，把它训练成了一只鸡，所以它一直都不想飞，它的一举一动根本就是只鸡，而且根本不以为自己是一只老鹰了。”

生物学家说：“不过，它到底还是一只老鹰，应该一教就会飞的。”

经过一番讨论后，两个人终于同意试试看是否可行。生物学家轻轻地把老鹰放在手臂上，然后说：“你属于蓝天而不是大地，张开翅膀飞翔吧！”可是，那只老鹰有些疑惑，因为它不知道自己是谁。然后，它看到鸡群在地上啄食，于是又跳下去与它们做伴了。

生物学家不死心，又把老鹰放到屋顶上怂恿它飞，他说：“你是一只老

鹰，张开翅膀飞翔吧！”可是老鹰对自己的不明身份和这个陌生的世界感到恐惧，于是又跳到地上觅食去了。

我们不得不为故事中的老鹰感到悲哀，原本它有着鹰的特质，却因为长期和温顺的小鸡们待在一起，而失去了飞翔的本领。其实，现实生活中的人们何尝不是如此呢？原本他们很优秀，由于周围那些消极的人影响了他们，使他们缺乏向上的压力、丧失前进的动力而变得俗不可耐，最终变得如此平庸。

人的情绪和心态都是能相互影响的，与积极者交往，我们也会变得阳光起来，我们会远离抱怨、自私、消极。然而，我们生活的周围，却到处充斥着这样一些人：他们只会责怪别人不好、只会责怪社会，我们可以发现，他们中从来没有人会真正实现自己的梦想，因为这些人只顾着挑剔别人的缺点，却从来不关心、检讨自身的不足。对社会有诸多不满的人，不仅自己的人生前途黯淡，也会把这种不满的情绪传染给他身边的朋友。

相对而言，我们有必要有意识地尽量远离这些人，就算他们有别的长处，但毫无疑问，他们也还是会成为你人生经历中的毒药。事实上，对世界充满抱怨的人，几乎无法在社会上立足，就连有没有其他“长处”也值得怀疑。

不是有这样的观念吗？“大多数人带着未演奏的乐曲走进了坟墓。”如果你想像雄鹰一样翱翔天空，那你就要和群鹰一起飞翔，而不要与燕雀为伍；如果你想像野狼一样驰骋大地，那你就要和狼群一起奔跑，而不能与鹿羊同行。与积极上进的人为伍，你就会离成功越来越近，与人接触是人成长中的重要一课，与积极向上的人为伍，所思所想、所见所闻均积极乐观，可以受到积极心态感染，使思想开朗豁达，从而像他们一样积极地看问题、思考问题，形成正确的思维方式，养成良好的习惯！

及时向优秀者请教，让你收获颇多

现代社会，很多人都知道充实的内在对一个人发展的重要性，于是，为

了丰富自己的大脑，他们进修、上夜大、参加培训等，这固然是充电的良好方式，但他们还忽略了一点：为什么不向那些优秀者请教呢？对于那些精力有限的人们来说，这种学习方式可以节省时间，不至于影响工作和家庭生活。当然，我们若想获得优秀者们的帮助，还得注意请教的方式。试想，一个在职场不苟言笑、冷漠、拒人于千里之外的人，别人会乐意帮助他吗？

张红是一个沉默寡言的人，不太喜欢与人交流。她每天一走进办公室就忙着处理手头的工作，从来不会主动地跟同事们说话。即使有人主动跟她交流，她也是你问一句就答一句，从不赘言。下班后，她也不参加任何活动，径自回家静静地想着怎样将工作做好。

陈燕是张红合租的女伴，两人的性格完全不同。陈燕喜欢与人交往，也有很多的朋友。她也经常劝张红不要老是一个人待着，让她多出去走走，多认识几个人，这样不仅会对将来的发展有好处，心情也会有所好转。张红每次都对她的劝解一笑置之，还是像以前那样过着自己的生活。她觉得只要自己把工作做好就能获得丰厚的回报，而交际却只能让自己在工作上分心。

后来，张红被调到了销售部，开始和其他销售员们一起进行市场推销工作。可是，她对销售工作缺乏了解，不知道如何推销产品，她的业务成绩自然很不理想。她想向那些有经验的业务员们请教一些经验，但她就是抹不开面子。

正当张红一筹莫展的这段时间，陈燕却春风得意：她不仅坠入了爱河，还晋升为公司某部门的主管。

某天，张红突然对陈燕说自己很羡慕她，觉得她特别幸运，而自己的命却很不好，新的同事们似乎都排挤她，手头的工作也不知道如何开展。陈燕听后淡淡一笑，对她说："你怎么不求教那些销售老手呢？"

"我和他们没交情啊，怎么好意思呢？"

"任何交情都是一步步建立的，我们俩当初还不是不认识，后来不也是好朋友吗？再说，你要是虚心请教，我相信他们不可能不帮你的。"

张红想了想，决定按照她的建议试试看。

从那天开始，张红便随时随地提醒自己要有所改变。她尝试着主动与同事打招呼；尝试着仔细倾听并加入同事们的聊天；下班后也不再急匆匆地往家赶而是积极参与同事或朋友们的聚会……刚开始，这些改变让她觉得很不适应，但是她还是坚持着做了下来，慢慢地也就习惯了。

而她的工作状况也较之以前有了很大的变化，有时，即使她没有主动提出需要同事帮忙，同事们也会主动帮她做些事，那些老前辈们更是主动指点她在工作中的不足，渐渐地，张红在销售部做出了自己的成绩。张红确实感到了自己的变化：以前那张深锁眉头的毫无表情的脸孔被淡淡的笑脸所取代；那有意无意之间发出的叹息声变成了快乐的笑声。

这里，我们看到了销售新手张红的职场成长的经历，更看到了她的同事们对她的帮助。在现实生活中有很多像张红这样的女性，遇到问题不愿意向周围的人请教，更愿意独来独往，其实，及时请教，不仅能改善你的人际关系，还能让你在工作上更有热情，有这样一股动力，成功指日可待。

那么，在请教的过程中，我们该注意哪些问题呢?

1.知礼节

知礼节，是现当代礼仪的重要部分。而且，如果经常向异性请教，更要求彬彬有礼，讲究分寸。如果不分场合，不看对象，对任何人都表示出亲热，心直口快，喜欢攀谈，就可能引起对方或他人的误会，使之产生错误的联想，双方都会感到尴尬，从而影响到正常的交往。

同时，在生活中，如果向异性请教问题，注意不要请教个人隐私问题。即使彼此十分了解，是知心朋友，也必须控制自己，不要轻率冒昧。

2.适当示弱

比如，工作中，聪明的人不会整日黏着前辈、说好话，而是会主动制造机会，让对方帮助自己，以显示对方的能力与水平。这样，一旦满足了对方好为人师的心理，对方自然愿意帮助你。同时，在与老前辈打交道的时候，一定要谨言慎行，万不可自命不凡，只要获得老前辈的支持，你在求得成功的路上便会如虎添翼!

3.未雨绸缪，搞好人际关系

如果你渴望成功，渴望拥有优质的生活，那么，千万别忘了积累人脉。拥有良好的人脉关系是你通向成功的一条捷径。你或许从没有去过好莱坞，但你绝不会不知道好莱坞最流行的一句话——“成功，不在于你知道什么或做什么，而在于你认识谁。”美国石油大王洛克菲勒也说过：“与人相处的本领是最强大的本领。”因此，如果你希望在关键时刻得到他人的帮助，就不要忘记在平时多作人际关系的积累！

第13章

你还在与你的敌人老死不相往来？告诉你，利益交换才是永恒

我们生活中的任何人，即使人际关系再好的人，也难免有几个“敌人”，或许他们就是绊倒我们的人，或许他们让我们身负重债，让我们背黑锅，让我们活得不清闲。这些人被我们称为“敌人”，对于敌人，我们难免产生怨恨，然而，没有永远的敌人，只有永恒的利益，主宰人际关系变化的就是利益。另外，在伤害面前，如果我们可以试着抛开那些灼伤自己的仇恨，换一颗宽恕之心，学会以德报怨，或许你会发现，你的宽恕为你带来了别样的人生。

没有永远的敌人，只有永恒的利益

生活中，相信在不少人的观念里，都有“敌人”这一概念，顾名思义，敌人就是指互相仇恨而敌对的人或敌对的方面。人与人之间，是存在一定的利益相关性的，一个人的利益变化会直接影响到他周围的人的利益变化，这一点，是可以用相关系数来表达的，朋友就是利益相关系数大于0，敌人就是利益相关系数小于0。有人说，人生就是一场难演的戏，我们每个人都是其中短暂的演员，而利益的戏份却是永恒的。无论是人际交往、商业竞争，还是军事作战，道理都一样。

所以，我们可以说，“没有永远的敌人，只有永恒的利益”，的确，交往双方之间的关系，不一定是完全敌对的或者是完全友好的，它是变化的，而主宰这一关系的，就是利益。我们发现，这句话小到生意场上的交往，大到国际间的来往，都很适用。打个很简单的比方，两个国家之间，他们所使用的语言不同，却为了交涉某个利益问题而坐下来协商；两个曾经势如水火的人，也可能为了达到某个共同的目的而握手言和。在生意场上，过去的合作伙伴为了各自的利益，瞬间就成了竞争对手！反过来，竞争对手也可以为了共同的利益关系变成合作伙伴！

A公司与B公司同样生产皮革，他们的产品都是供给制鞋公司做生产原料。起初，两家生产皮革的公司互为仇敌，互相抵毁，结果制鞋公司从中获取

了好处。制鞋公司趁机压价，两家皮革公司遭受了严重的损失。后来A公司和B公司意识到了这一点，于是两家公司联手，这才挽回了局面。正所谓鹬蚌相争，渔翁得利。因此，在商场上没有永远的敌人，对于竞争对手，要以朋友的心态对待，并与对方结成战略同盟，一起维护共同的利益。

从两家公司由敌人变为朋友中不难看出敌人都是一时的。人际交往、政治斗争上，敌人都不是永远的，同样，商业竞争上，敌人也是一时的。

在人际交往上，敌人都是由于客观条件或者自己的意识作用形成的，只要客观的环境变化了，自己的思想转变了，那么敌人就不复存在，剩下的只有朋友了。如果你肯对平时对你充满敌意的人说一句关心的话，做一件有意义的事，那么对方很可能会在对你的态度上有一个180度的转变。所以说，没有永远的敌人，只有永远的朋友。

杰克和路易斯同为学校篮球队的队员，杰克在队中司职后卫，路易斯则是一名小前锋。大学阶段的他们都非常率真，尤其是在向异性表达自己的真心方面。不巧的是杰克和路易斯对同一个女生表达了自己的爱慕，一对好朋友就这样变成了敌人。这种敌对情绪使得二人的关系非常紧张，彼此间变得非常冷漠。但是在赛场上，两个人仍然并肩作战，在一场关键的比赛当中，还是路易斯接到杰克的传球将球投进，锁定了本队的胜利。就这样赛后两个人重归于好。

杰克和路易斯虽然因为一个女孩变成了情敌，但是赛场上两个人面对着共同的敌人，就重新成为了朋友，并且借着赛场上的友谊化解了两个人之间的敌意。

有人开玩笑说看过电影《集结号》就不再相信领导，看过了《投名状》就不再相信兄弟，这是因为他们只看到了片面。《集结号》中那有情有义的谷子地，《投名状》中金城武所扮演的角色为了信义而不顾一切地捍卫誓言。世事都有两面性，关键看你如何去看待人和事。同样的道理，当你换一个角度去看你的敌人时，他很可能就是你所需要的朋友。当你付诸行动去打动对方时，对方会被你并不把他当成敌人的诚意所打动，这时就真的成为了你的朋友。所以敌人只是一时的。

那么，人际交往中，我们该如何做到与人由敌对走向合作呢?

1.包容别人，放下仇恨

包容是一首人生的诗，我们的生命因为包容而不再平庸；包容是一门生活的艺术，大肚能容的境界，能让我们读懂人生的真谛。生活中，我们要懂得包容别人，因为相让共得，相斗俱伤。

我们要原谅他人一时的过错，不錙铢必较，不耿耿于怀，和和气气地做个大方的人。宽容如水的温柔，在遇到矛盾时往往比过激的报复更有效。它似一捧清泉，款款地抹去彼此一时的怒焰，使人们冷静下来，从而看清事情的本来缘由；同时，也看清了自己。试想一下，倘若我们针锋相对，以同样的方法还击对方，那么除了两败俱伤、头破血流之外，还能带来什么呢?

2.主动和解，化解争端

交际双方，如果谁都不主动和解，那么，只能不断争执下去。当你看到双方间存在一定的利益后，就应该大度一点，主动和解，当彼此相视一笑后，你是不是更开怀呢?

至高境界的包容，是升华为一种对人对事的胸襟，对人生如诗般的气度。心存积怨的人，包容吧，不要再争斗了，争斗只会两败俱伤，不如相让，才能共得!

圆润通达，宽容你的敌人

生活中，任何一个人，要想成功立于世，就必须拥有多种智慧：工作中要有解决问题的智慧，人际交往中要有营求好人缘的智慧，经商做生意要有抓住商机的智慧等。这些智慧对某一方面的成功有着至关重要的影响，甚至不可或缺。有一种智慧，可能你并没有意识到它的重要性，因为许多人没有它也照样能生活；但一旦拥有了它，就等于为自己的人生插上了翅膀，各个方面都能

得到质的提升，这种智慧就叫包容。

“开口便笑，笑古笑今，凡事付之一笑；大肚能容，容天容地，于人何所不容！”这是一座著名庙宇弥勒佛像两边的楹联，说的是佛祖的气度与胸怀，大度与宽容。生活中的人们，对于曾经伤害你的敌人，如果你能做到主动伸出和好之手，甚至能以德报怨的话，那么，你一定能做到化敌为友。

苏联著名作家叶夫图申科在《提前撰写的自传》中，讲到过这样一则十分感人的故事：

1944年冬天的一天，在寒冷的莫斯科大街上发生了这样一件事：

这天，天空飘着雪花，但人们没有在家里烤火，而是纷纷来到了大街上，因为那些曾经伤害过他们的德国战俘今天要受到裁决。人们看着两万德国战俘排成整齐的队伍从莫斯科大街上依次穿过。

当然，为了控制住场面，很多苏军士兵和警察都出动了，在群众和战俘中间划出了一道警戒线。这些围观者多半是莫斯科及其周围乡村的妇女。她们的儿子、丈夫、父亲都在德军所发动的侵略战争中丧生。她们都是战争最直接的受害者，都对悍然入侵的德寇怀着满腔的仇恨。

因此，当那些德国战俘从她们身边经过的时候，她们多么希望自己可以冲出警戒线，向他们讨回公道，不过，幸好有苏军士兵和警察拦截，才维持了现场的秩序。

这些战俘们自然也是心惊胆战，他们也害怕这些妇女会做出什么疯狂的举动来。

就在这时，一个穿着破旧、上了年纪的妇女对警察说，希望自己可以走进警戒线看看这些战俘，经查看她没有什么恶意，警察便允许了。

于是，她来到了俘虏身边，用长满老茧的手从怀中掏出一个小布包，然后她打开布包，将一块黝黑的面包塞进了一个疲惫不堪的战俘的口袋里。这个年轻俘虏怔怔地看着面前的这位妇女，刹那间已泪流满面、泣不成声。他扔掉了双拐，“扑通”一声跪倒在地上，给面前这位善良的妇女，重重地磕了几个响头。其他战俘看到此情此景，也纷纷跪了下来，拼命地向围观的妇女磕头。

于是，整个人群中愤怒的气氛一下子改变了。妇女们都被眼前的一幕所深深感动，纷纷从四面八方涌向俘虏，把面包、香烟等东西塞给了这些曾经是敌人的战俘。

在故事的结尾，叶夫图申科写了这样一句令人深思的话：“这位善良的妇女，刹那之间便用宽容化解了众人心中的仇恨，并把爱与和平播种进了所有人的心田。”

故事中的这位妇女就是个以德报怨的智者，她用自己的善良换来了曾经杀害自己亲人的敌人的悔恨之心和其他愤怒的受害者家人的同样的宽恕之心。

有时候，你可能也会发现，当你的人生陷入低谷时，真正拉你一把的却正是我们曾经误认为的敌人。因此，只有化敌为友，你的人生才会变得更宽阔。总之，只要你主动伸出和解之手，化解彼此心中的疙瘩，你就可能减少一个敌人，而增加一个肝胆相照的好朋友。

因此，生活中的人们，不妨宽容一点吧，主动一点吧，主动去拥抱你的敌人，你的人生境界将会变得更加开阔。具体来说，你可以做到：

1.用心去宽容对方

这里的宽容，并不是让你毫无原则地一味退让。宽容的前提是对那些可宽容的人或事；宽容的内心是爱。宽容，不是去对付，去虚与委蛇，而是以心对心去包容，去化解。

2.尝试忘却

宽容就是忘却。人人都有痛苦，都有伤疤，动辄去揭，便添新创，旧痕新伤难愈合。忘记昨日的是非，忘记别人先前对自己的指责和谩骂，时间是良好的止痛剂。学会忘却，生活才有阳光，才有欢乐。

3.关爱你的敌人

你的关爱也会换来关爱，也会迎来朋友。有朋友的人生路上，才会有关爱和扶持，才不会有寂寞和孤独；有朋友的生活，才会少一点风雨，多一点温暖和阳光。

总之，最高境界的宽恕，是宽容那些曾经伤害过自己的人。这不是一件

容易的事，但只要你这样做了，就会从中体验到你的富有和强大。

合作双赢好过两败俱伤

生活中，我们每个人都有几个对手和敌人，对此，一些人在与对手交锋的过程中，为了获得利益，他们始终不肯让步，甚至与对手争论到不可开交的地步，最终，他们“获胜”了，但从长远的角度来看，他们还是失败了，因为从社交的角度看，那种不懂得双赢原则的人，最终不会得到任何人的信任与好感，将成为社交中的弃儿。所以，胜利与失败并不是社交活动最好的结果，最好的结果是双赢，正如一句广告词一样：“大家好才是真的好！”举个很简单的例子，大家一起排队坐公交车，如果都争相上车，谁也不让谁，最终结果只能是所有人都堵在车门口；而如果所有人都遵守前后秩序，一个个排队上车，这样，不仅所有人都能坐上车，还为大家节省了时间。

可见，人际交往中，我们与对手之间所代表的利益方是不同的，而每个人只有学会求同存异和让步，才能求得一个大家都能满意的结果。

因此，生活的人们，即使与对手较量，也要学会运用双赢的思维，引导对方看到对双方都有利的合作方式和利益点，这样才能得到一个皆大欢喜的结局。

杨鑫是一家油漆公司的销售主管，她所在的公司推出的油漆有环保、无异味的特点，很适合现在家居环保的要求。正是这一优点，让这家公司的生意一直做得很好。

最近，她联系了一家地产公司的李经理，他们洽谈了许多合作事宜。但是，李经理坚持要降价，这一点让杨鑫很为难，她需要回去和上级领导商量，于是谈判暂时搁置。不久后，杨鑫和李经理再次坐在了谈判桌旁。

“李总，你好！关于您提出的降价条件，我已经与公司上级领导商量过了。我们都觉得，如果您能在贵小区优先替我们旗下的新油漆公司作广告宣传的话，我们公司愿意以最低的价格与您这样的大客户长期合作。”

“不好意思，我们从不会为住户主动推荐那种油漆。”

“您误会我的意思了，我们并不是希望您推荐，我们只需要一个安全的宣传环境就行。”

“你们要宣传多久？”

“从开盘开始后的一年内。”

“可以。”

最终，李经理以最低的价格落成了新的楼盘，而杨鑫所在公司旗下的新产品也得到了大力的宣传，销量很好。

案例中，作为谈判方的代表，女主管杨鑫的聪明之处，就是利用了双赢这一原则，让客户和自己实现了利益互补，交易必然水到渠成。

其实，很多时候，在与对手较量时，我们也应该运用这一思维。社会总是会有竞争的，人与人之间的利益也总是不平衡的，关键在于我们抱什么样的态度。只要抱着“我好，你好”的双赢态度，按照这个原则去处理人际关系，就将会获得最理想的结果。

为此，我们都应该学会运用双赢思维，具体来说，你应该做到：

1.找出双方利益的平衡点

这个利益平衡点，就是双方交流的中心，也是能成功打动对方的前提。当然，这还需要你作出让步，才能达成共识；一味地坚持，只会争个面红耳赤。同时，眼光一定要长远。要记住，这次的“妥协”和“退让”只是为赢得信任和下一次的合作彩排而已。

2.学会站在对方的立场说话

一位成功的推销员这样说道：“当我不去追求自己想得到的东西，而是去帮助别人得到他们想得到的东西时，我在经济上就会获得更多的成功，而在生活中也会有更多的乐趣。”的确，无论是从事推销工作还是整个社交活动，这是强化心理感受、获得心理认同感的重要方面。

3.学会逻辑演绎，让对方接受“利益点”的变化

人是利益的动物。人与人之间的交际基本上是一种利益交换的过程。这种交换不仅可以指物质上的，更可以指精神上的，比如，赞美、声望等，有时候，这更能使对方获得心理上的满足。

总之，与对手较量的过程中，我们要懂得互惠互利，争取双赢，并学会引导对方的想法，以利益为核心，经过层层推进，让对方接受利益的均衡。

朋友之间也不可为了利益断送友谊

友谊是世间最真挚的情感之一，王勃的一句“海内存知己，天涯若比邻”深刻地描绘了友谊的伟大。爱因斯坦也说过：“世间最美好的东西，莫过于有几个头脑和心地都很正直的严正的朋友。”俗话说得好，“朋友多了路好走”，“在家靠父母，出门靠朋友”，因为有朋友，我们的人生不再孤单、不再彷徨，我们始终能从朋友那里得来最真挚的帮助。因而，和朋友之间的人情，绝对不是一个“利益”可以衡量的，这是一种超越金钱甚至是所有物质以上的情感。达尔文说：“讲到名望、荣誉、享乐、财富等，如果拿来和友谊的热情相比，这一切都不过是尘土而已。”利益在友谊面前，显得那么卑微和渺小。

被称为“赚钱之神”的邱永汉说：“失去财产，仍有从头再做生意的机会；失去朋友，就没有第二次机会了。”的确，人是最大的资源，不管做什么事情，都要有人的参与，而朋友就是最可靠的人力资源，得到他们的帮助，你会发现，人生如虎添翼，什么都不是困难。我们要让友谊超越利益，朋友之间，是一种坦诚的相待，是真心的付出和患难与共。我们知道，马克思和恩格斯之间的友谊被称为是“伟大的友谊”，但他们之间的友谊也受到过金钱的考验。

1863年1月7日，恩格斯的妻子玛丽·白恩士患心脏病突然去世。恩格斯以

十分悲痛的心情将这件事写信告诉马克思。信中说："我无法向你说出我现在的心情，这个可怜的姑娘是以她的整个心灵爱着我的。"第二天，1月8日，马克思从伦敦给曼彻斯特的恩格斯写回信。信中对玛丽的噩耗只说了一句平淡的慰问的话，而不合时宜地诉说了一大堆自己的困境：肉商、面包商即将停止赊账给他，房租和孩子的学费又逼得他喘不过气来，孩子上街没有鞋子和衣服，"一句话，魔鬼找上门了……"生活的困境折磨着马克思，使他忘却了、忽略了对朋友不幸的关切。正在极度悲痛中的恩格斯，收到这封信，不禁有点生气了。从前，两位挚友之间常常隔一两天就通信一次，这次，一直隔了5天，即1月13日，恩格斯才给马克思复信，并在信中毫不掩饰地说："……这次我自己的不幸和你对此的冷冰冰的态度，使我完全不可能早些给你回信。我的一切朋友，包括相识的用人在内，在这种使我极其悲痛的时刻对我表示的同情和友谊，都超出了我的预料。而你却认为这个时刻正是表现你那冷静的思维方式的卓越性的时机。那就听便吧！"

波折既已发生，友谊经历着考验。这时，马克思并没有为自己辩护，而是作了认真的自我批评。10天以后，当双方都平静下来的时候，马克思写信给恩格斯说："从我这方面说，给你写那封信是个大错，信一发出我就后悔了。然而这决不是出于冷酷无情。我的妻子和孩子们都可以作证——我收到你的那封信时极其震惊，就像我最亲近的一个人去世一样。而到晚上给你写信的时候，则是处于完全绝望的状态之中。在我家里待着房东打发来的评价员，收到了肉商的拒付期票，家里没有煤和食品，小燕妮卧病在床……"出于对朋友的了解和信赖，收到这封信后，恩格斯立即谅解了马克思。1月26日，他给马克思的信中说："对你的坦率，我表示感谢。你自己也明白，前次的来信给我造成了怎样的印象……我接到你的信时，她还没有下葬。应该告诉你这封信在整整一个星期里始终在我的脑际盘旋，没法把它忘掉。不过不要紧，你最近的这封信已经把前一封信所留下的印象消除了，而且我感到高兴的是，我没有在失去玛丽的同时再失去自己最老的和最好的朋友。"随信还寄去一张100英镑的期票，以帮助马克思渡过困境。

众所周知，马克思之所以完成了巨著《资本论》，和恩格斯长期的物质资助是分不开的，真正伟大的友谊是超越金钱的。但在现实生活中，我们也需要和朋友之间礼尚往来，这是一种礼节，也是一种联络情感的渠道。

一个人一生不管人缘关系怎样，都会有几个朋友，有人曾经说："一个人的命运如何，要看身边的五个朋友。"这句话表明了朋友的重要性，我们要处理好与朋友之间的关系，就要放下利益观念。只要真心待他们，友谊便像常青树一样，当我们需要朋友的时候，他们自然会挺身而出！

对此，你需要做到：

1.淡化利益观念

通常情况下，人们之所以在利益上不愿意让步，就是因为他们把目光放在了所谓的亏上，比如，金钱、物质或者名利上。如果我们紧紧盯住这些外在利益，就无法释怀，自然也不愿让步，而带来的结果往往就是纠结的心态，紧张的人际关系等；而如果你能对名利淡然一些，或许收获的就是另外一种心情！

2.学会吃亏与让步

我们拥有的并不多，重要的是有没有一个得失的准则，帮我们在复杂中找到那么一点简单，在踌躇中找到那么一点依据。如果把吃亏当作一个途径，那确实需要付出勇气，也需要策略。为此，生活中的人们，如果你能收起那颗不愿吃亏的心，那么你也能收获成功、赢得友谊。当然，毫无原则地让步与吃亏就是人们常说的好好先生，是一种懦弱的表现。

第 14 章

忠言真的逆耳？告诉你，这是因为你没有找到正确的劝服途径

生活中，我们在与人打交道的过程中，经常会遇到这样的情况：对方的决策是错误的，而我们的任务是劝导他改变主意，但结果可能是忠言逆耳、良药苦口，我们的劝谏也被否定。其实，在这种情况下，只要我们掌握一些劝导技巧，就可以扭转局势，达到一个忠言也可以顺耳、良药也可以甜口的效果。

别傻了，说话直来直去只会招人厌恶

生活中，每个人都需要与人交流和沟通，语言是人际交流的重要方式，交谈有利于彼此之间交换信息、想法和感受，其中就包括劝解他人改变主意。常言说，忠言逆耳，顾名思义，忠实的劝告听起来让人感到不舒服。事实上，这是因为我们没有掌握正确的方法，只要我们懂得从对方能接受的角度劝谏，完全可以做到忠言顺耳。

然而，我们发现，生活中，总是有些人，把说话当成辩论赛，好像说得快、说得多就代表自己胜利了，说话往往张口就来。事实上，正是因为这样，才导致祸从口出，说出一些不该说的话，犯下一些无法弥补的错误。

生活中的我们都要明白，我们已经不是孩童了，说话做事都要先经过思考，思考其后果，而不能逞口舌之快。其实，任何一种意思都可以含蓄隐晦地表达；同样，在劝诫他人时，言语不可太直，也就是人们常说的“说话留三分”，否则会招惹对方不快。委婉地表达自己的意思，能增加神秘感，也就有可能收到所期望达到的效果。

众所周知，乾隆时期的和珅是个善于甜言蜜语、阿谀奉承之人，而他的劝导技巧让我们不得不钦佩。

乾隆末年，有一次台湾发生了人民起义，大臣们有的说要镇压，有的说要采取恩威并施的手段，说什么的都有，最后和珅出了一个主意——派人前去

镇压。和珅保举一将前去镇压，结果毫无作用。乾隆大怒，于是召集大臣，表示要御驾亲征。他话音刚落，和珅立即就急了，皇上。万万不可，为什么呢？和珅是这么分析的："就这几个乱党，偌大的一个朝廷谁都管不了吗，非要派皇帝前去御驾亲征？台湾35000多平方千米一块土地，乾隆爷您管的面积有多少？1300万平方千米！您放着1300万平方千米不去管理，为3万多御驾亲征，这不明显咱们大清朝没人吗？如果您去了台湾，那大陆肯定势必大乱，所以臣觉得皇上是坚决不能前去。可是问题就出在这儿，皇帝不去，人民起义谁给镇压？台湾战事不佳有其深刻的原因，您看，在您统治的几十年里，您对老百姓多好啊，轻徭薄赋，人头税都不征收，只征一点地税，哪见过您这么好的皇上？但是，台湾百姓肯定不知道您的仁慈，不知道您的恩德，什么原因？领导者的责任！您派去管理台湾的人他没有把您的恩德带到台湾，问题在这里。所以依奴才愚见，两手准备，一，继续用兵；二，换掉台湾的官员。换上一个新的官员，把您的仁德带给台湾人。"

俗话说得好，良药苦口利于病，忠言逆耳利于行，但谁都爱听好听的，和珅几句话就把皇上哄得很高兴，也解决了问题。

我们不难发现，职场中，一些人很勤奋努力，却不见升职加薪，其实问题就出在他们的嘴上，他们不但不懂得如何劝谏他人，甚至连基本的说话技巧都没有掌握。一般情况下，他们所犯的错，就是对某些人群作概括性的负面评价。比如，某个人在休息时间无所事事时，会谈及大家共同关心的问题，比如婚恋问题，可能这个人会说："女人三四十岁不结婚，心理肯定有问题。"或许此时，他旁边就站着一个大龄未婚女，那么，从此这位"大龄女"也就与这个人有了芥蒂。

心理咨询师认为，大嘴巴的人企图用提供信息获取他人的肯定、接纳、赞赏，并被同事欢迎。这种人短期内可能会被认可，但久而久之肯定会成为老板最想一脚踢走的家伙。

当然，不仅是职场，我们在任何场合，都要注意自己的说话方式。说话太快，不考虑别人的感受，张嘴就来，非要逞一时口舌之快，这些都可能让别人心有不悦，甚至激怒别人。

所以，嘴上占上风并不代表你有多么了不起，别人不会因为你的“伶牙俐齿”“心直口快”就佩服你、喜欢你，反而会因为你的不分场合、不懂礼貌而厌恶你，你的人际关系也会因此而越来越差，甚至面临孤立无援的悲惨局面。

总之，说话也是一种艺术。说什么、怎么说，都有讲究。很多时候，一句恰当的话可以为你加分，而有时吃亏就是因为没能管住自己的嘴巴。对此，我们要有清醒的认识，无论想说什么，都不妨先打个腹稿，多考虑一下自己这样说的后果，这样，能避免说出很多不该说的话。

曲线救国，与上司意见不同时应该委婉指出

在工作中，由于受到一些认识方面的局限，即使是领导，也未必总能作出正确的决策。这些决策，有些是不切实际的，有些对公司整体的利益发展并无益处，有些甚至是完全错误的。因此，作为下属的我们为了避免一些不正确的决策的产生，关键时刻不可唯唯诺诺，你有责任也有义务对领导提出意见。然而，可能很多人会产生疑问：我做了很多前期工作，花费了很多时间和精力，但在真正劝谏的时候，却发现原来领导并没有听进去，更别说采纳我的意见了。

其实，这主要是方法和技巧的问题，只有掌握正确的、领导可以接受的方式和技巧，你的言语才会奏效。因为中国人素来很爱面子，尤其是做领导的，掌管了一定的权力，自然有一定的权威和尊严。古人有“君无戏言”的说法，古今君王明知犯错却不知悔改的大有人在，其实也是这个道理，承认自己的错误也就是失了权威和面子。因此，作为下属的你，在谏言的时候，如果能够委婉一点，采取“曲线救国”的方法，那么，不仅能防止领导作出错误的决策，还能体现出你的工作能力，更能因为保住了领导的面子而获得领导

的赏识。

魏王决定建造一座很高很高的台阁，它的高度恰好是天与地之间距离的一半，并将这座高台起名叫“中天台”。很多人知道魏王这个决定后，都觉得很荒唐，于是纷纷前来劝阻魏王。魏王感到非常生气，他传下命令说：“谁要再来反对我的决定，一律杀头！”这样，大家都不敢再说什么了，只能在心里着急。

一天，有个叫许绾的人背着筐，拿着铁锹到王宫来求见魏王。他对魏王说：“听说大王要建一座‘中天台’，我愿前来助大王一臂之力。”

见到这个前来帮助建造高台的第一人，魏王感到很高兴。魏王问他：“你有什么力量能够帮助我呢？”

许绾说：“我没什么了不起的力量，我只是能帮助大王您商量建台的计划。”

魏王连忙高兴地问他：“你有什么高见？快讲来我听。”

许绾不慌不忙地说：“大王您在建造高台之前，先得发动大规模的战争。”

魏王很不理解地说：“你这是什么意思？”

许绾说：“请大王听我分析。我听说天地间相距15000里，中天台的高度是它的一半，那就是7500里，要建7500里高的台，那么台基就得方圆8000里。现在拿出大王的全部土地，也远远不够做台基的。古时尧、舜建立的诸侯国，土地一共才方圆5000里。大王要建中天台，首先就得出兵讨伐各诸侯国，将各诸侯国的土地全部占领。这还不够，还得再去攻打四面边远的国家，得到方圆8000里的土地之后，才算凑齐了做台基的土地。另外，造台所需的材料、人力，造台的人需要吃的粮食，这些都要以亿万为单位才能计算；同时，在方圆8000里以外的土地上，才能种庄稼，要供应数目庞大的建台人吃饭，不知道还得要多大的土地才够用呢！所有这些，都必须先准备好了，才能动工造高台。所以，您应该先去大规模地打仗。”

许绾说到这里，魏王目瞪口呆，一句话也说不出来。后来，魏王当然是放弃了造中天台的想法。

许绾劝说魏王，循循善诱，以理服人，使魏王明白自己要建“中天台”的想法只不过是毫无客观基础的幻想，它当然不可能实现。在众人劝说失败的情况下，遇到这样的问题，可以说是非常棘手，稍有不慎就会引起龙颜大怒。许绾没有正面劝导，而是先肯定魏王的决策，然后再在此基础上，让魏王自己认识到错误，这一点相当聪明，既避免了冒犯领导权威，也没有给人阿谀奉承之嫌。这正是建立在下属准确理解领导背后意图的基础之上的。

我们在向领导谏言的时候，一定要明白彼此的身份，委婉表达，照顾到领导的面子，“曲线救国”更易达到目的。

对此，在进谏的时候，你应该掌握以下技巧：

1.注意说话态度，注意分寸

与领导沟通，你需要注意说话的态度和敬语的运用，恰到好处地表达出你的意思。由于你的坦率和诚意，即使对方不完全赞同你的观点，也不会影响到他对你个人的看法。

2.领导需要的是建议而不是意见

你在对领导提意见的时候，不要只说“不行”，要多说“怎么做”。只有对领导提出更好的解决方案，他才会放弃自己原有的想法。

3.不要否定你的领导

很多领导不愿意接受下属的意见，是因为他觉得一旦接受，就意味着自己的智慧不如下属。抓住领导的这一心理，你在提出意见前，一定要肯定领导，这样，他接受起来也就容易多了。

总之，向领导谏言能体现下属对领导的忠心，但并不是所有领导都愿意听下属的直言进谏，直接的反对言辞会让他感受到自己的威严受到了威胁和质疑。因此，聪明的下属在向领导表达不同意见时，会采取曲线救国的方法，这样，不仅能让领导更易接受，还能让领导看到自己的能力与忠心。

转换思维，从对方能接受的角度入手

现代社会，人与人之间的交往空前频繁，在很多情况下，我们需要劝服对方，而我们首先要做的就是辨析对方的心性，了解其内心世界，然后。针对对方心理“对症下药”，找到说服对方的有效途径和方法。如果从正面不能说服的话，不妨转换一下思维，从对方能接受的角度入手，然后再根据对方的需要，提出你的新主张，从而让对方放弃自己的旧主张，达到说服对方的目的。

这天，左师触龙走上前，说：“我一直担心太后的玉体欠安，所以今日特来看望。”触龙向赵太后请求道：“我的小儿子最不成才，可最得我的疼爱。我恳求太后让他当一名卫士。”

赵太后说：“真想不到你们男人也疼爱小儿子呀！”触龙说：“恐怕比女人还厉害呢！”太后不服气地说：“还是女人更爱小儿子。”触龙见时机已到，说：“老臣认为您爱小儿子爱得不够。”他说：“想当初，您送女儿远嫁燕国时，希望她的子孙相继在燕国为王。这才是真正的爱。”

太后信服地点了点头，触龙便接着说：“您如今赐给长安君许多土地、珠宝，如果不让他有功于赵国，长安君能自立吗？”触龙这番话说得赵太后心服口服。她立即命人为长安君准备车马、礼物，送他前去齐国当人质。

触龙一开始并没有直接说要劝谏，而是在聊天之中动之以情，说出了老太后的担忧，尽管是在批评老太后，然而却是在为她设身处地地考虑。最终，他赢得了老太后的信任。

心理学家研究表明：人内心中对自己非常忠诚，对于反对和批评会产生强烈的抵触和对抗，心里觉得对方并不了解自己。如果你能设身处地地说出对对方的担忧，表达你的同情和理解，对方心里就会感觉到温暖，抵触的情绪就会减弱。基于人们的这种心理，我们在表达批评的时候，不妨动之以情，设身处地地为他人着想，说出对方内心的担忧。

其实，人际交往中，说服别人时，如能从被说服对象的心理角度入手，往往能取得事半功倍的效果。而如果对倾听者不加分析，交往就会遇到重重阻力。在生活中，这样的例子非常多。比如，有一位先生，请一位室内设计师为他的居所布置一些窗帘。当账单送来时，他大吃一惊，意识到在价钱上吃了很大的亏。过了几天，一位朋友来看他，问起那些窗帘时，说："什么？太过分了。我看他占了你的便宜。"这位先生却不肯承认自己作了一桩错误的交易，他辩解说："一分钱一分货，贵有贵的价值，你不可能用便宜的价钱买到高品质又有艺术品味的东西……"结果，他们为此事争论了一个下午，最后不欢而散。可见，即使一个人犯了错误，也不愿意被别人贴上标签。与其说"你错了"，倒不如换个角度，使用迂回一点的说服方法。

那么，我们该怎样做呢？

1.掌握火候，不要在刚开始就讨论双方的分歧点

如果我们一开始就反对对方，那么，只会让对方产生逆反心理；而反过来，如果我们站在了对方的角度说话，先肯定他，或者讲些对方愿意听的话，那么，共同点找到后，你再表达自己的观点，对方会更容易接受。

2.切莫让对方先入为主

如果在开始说话前，对方就已经对你树立起了警戒或者对立的态度，那么，说服的难度自然就会加大，所以我们应当一面巧妙地疏导和松懈对方的戒心，一面小心地辅以适当的劝服，这样对方就比较容易接受。

3.注意自己说话的态度，说服忌批评

假若你劈头盖脸地批评对方，那么，这无疑是火上浇油，你会使对方迁怒于你。所以劝服别人时一定要注意自己说话的态度，真诚恳切而又平心静气地向对方陈述，使对方信任你，这样才有可能说服对方。

总之，我们要对对方进行一番了解，当正面说服容易使对方产生对立情绪时，不妨采用迂回方法：或退一步，或从侧面，或步步为营，总之，要从对方可以接受的角度入手，从而让对方在不知不觉中接受你的劝诫。

比起口才，你劝服的态度更重要

我们都知道，人们之间的交往离不开语言，沟通中要想到预期的目的和结果，很大程度上取决于运用语言的艺术。孔子说：“文质彬彬，然后君子。”说话人人都会，但语言显然有文粗雅俗之分。具备现代文明修养的我们，要想成功说服他人，就要在语言交流中彰显自己的谈吐，表现自己谦和的态度。那些说话夸夸其谈、目中无人者是令人讨厌的，为此，我们可以说，说话的态度比口才更重要。

一天，某生产设备推销员小王刚进公司，就接到了客户张总的抱怨电话，电话那头的张总一腔怒气。

“当初我真是瞎了眼，买了你们的机器。一大早，机器就不转，这是怎么回事？真搞不懂你们是怎么弄的，修了一次还没修彻底！”

小王听完以后，深呼吸了一口气，用清晰明朗的语气对客户说：

“张总，您好，实在抱歉！这台机器的问题真的让您费心了。您放心，我会马上处理这事儿，我们将以最快的速度给您送过去一台备用机先用着，不耽误您正常的产品生产，您现在的机器我们马上拉回来维修，并再详细检查一遍。”

听到这里，张总的怒气也没有那么严重了：“好吧，请尽快！”

这则案例中，我们发现，客户张总从刚开始的怒气冲冲到怒意消除，最主要的原因在于销售员小王能以正确的态度、爽朗的声音和有力的解决方式加以回应。在处理客户抱怨的问题上，销售员的语言表达至关重要。销售员的说话方式可以影响甚至是控制客户，并且也是处理客户抱怨的利剑，从而使客户更加相信销售员。

心理学研究表明：情感引导行动。积极的情感，比如谦和、大度等往往能产生理解、接纳、合作的行为效果；而消极的情感，如傲慢、无礼等，则会带来排斥和拒绝。所以，若是你想要人们相信你是对的、接纳你的说服，那么，你就首先要以礼待人，让对方感受到你积极的情感。

那么，我们该如何在言语间春风化雨，让对方感受到我们谦逊、诚恳的态度呢？

1.让你的微笑活泼一点

实际上，生活中的每个人，生来都会微笑，但随着年龄的增长，随着生活压力的加大，我们逐渐忘记了这一本能，似乎我们总是能找到让自己愁眉苦脸的理由，尤其在陌生的环境里，微笑最容易被我们忽略。

事实上，如果你能笑一笑，并让你的微笑活泼一点，那么，别人就会被你的真诚和快乐所感染。因此，你不妨这样做：当你接受过别人的帮助后，你应该面带微笑地对他说声“谢谢”；清晨，当第一缕阳光照在你身上的时候，对你的爱人说声“早安”；当你的同事升职后，你应该发自内心地对他说声“恭喜你”。一旦你的言辞能自然而然地渗入真诚的情感，你就拥有了引人注意的能力了。

2.不可傲慢无礼

那些说话夸夸其谈、目中无人者是令人讨厌的，为此，我们要做到态度自然、和蔼。

3.注意你的声音的分贝

与人交谈时，不要认为高声谈笑就是真实自然的表现，声音分贝过大，不仅会影响到别人，让别人觉得刺耳，还是一种无礼的表现。因此，你说话应轻声轻语，声音大小以令对方听清为宜。

4.不要卖弄你的口才

即使遇到意见不合的问题，也不可高声辩论，不要当面指责，更不要冷嘲热讽，甚至恶语伤人，而应语气委婉，各抒己见，尽量说服对方或求同存异。

5.不要顾此失彼

在和多人交谈对，千万不要只关注一个人而冷落了其他人。最好是用一个话题唤起所有人的兴趣，让每个人都发表自己的意见。

6.不要打断别人的谈话

别人讲话时，若话题突然被你打断，会对你产生不满或怀疑的心理，认

为你不识时务，水平低，见识浅；认为你讨厌、反感这类话题；认为你不尊重人，没有修养。

当然，语言谦和也要把握好度的问题，说话只是表达思想，说明事情，没有必要靠语言来乞讨怜悯或掠取威严。你不必唯恐别人不高兴，极力表现出毕恭毕敬的样子，唯唯诺诺、点头哈腰，堆砌一大套客套话，其实这只会被人瞧不起；而盛气凌人、出口伤人，摆出一副傲慢的姿态，会令人敬而远之，或觉得这人不知天高地厚，浅薄之极。正确的方法是不卑不亢、客气大方、讲究实在、有礼有节。

总之，劝服他人的过程中，若我们做到以诚待人，真诚帮助他人，可以使不认识的人对我们微笑，可以融化他人的疑虑、冷漠、拒绝，换取他人对我们的信任和好感。

第 15 章

你追求闲云野鹤的生活？你只不过是用淡然来粉饰自己的无能和懒惰

生活中，人们常说“知足常乐”。的确，我们每个人都知道这个道理——金钱的拥有和生活的快乐无因果关系。一个人只要心境平和，就可以活得快乐；然而，不少人却对知足和平和的意义作了曲解，他们认为，不思进取、安于现状就是内心的平和。而实际上，精神世界的充实能孕育进取和奋斗，一个人积极向上，虽苦犹甜；偷奸耍滑，身子清闲未必真快乐。越是优秀的人越是勤奋，我们每个人固然不应该被欲望和名利控制，但应该真诚地追求梦想，只有这样，你才能为真正云淡风轻的人生作足准备。

别傻了，越是优秀的人越勤奋

生活中，相信不少人都了解晋代陶渊明归隐田园的故事：陶渊明在为官数十年之后，认识到官场的黑暗，于是，他最终弃官，归隐田园，虽然没有了生活的依赖，但他感觉到得意和轻松，毫无遗憾和留恋。“采菊东篱下，悠然见南山。”就是他精神上自由的最好写照。他这种洒脱的人生态度，千百年来，令多少人“高山仰止，心向往之”。现代社会，一些人也“效仿”陶渊明，他们对于当下的生活抱着一种所谓的淡然的态度，认为迎接竞争和努力是徒劳，他们甚至过上了“出世”和“闲云野鹤”的生活，而实际上，这只不过是为了粉饰自己的懒惰而已。他们甘于现状，不思进取，最终，他们一生碌碌无为；而相反，越是优秀的人越是努力，越是富有的人越是勤奋，越是聪慧的人越是谦卑学习。这一现象的根源在于：优秀的人总能看到比自己更好的，而平庸的人总能看到比自己更差的。努力后你会发现自己要比想象中更优秀！同样，只要我们努力、认真过好每一天，美好的明天自然就会来到；如此持之以恒，五年、十年过去后就会结出硕果。

我们熟悉的玛丽·居里夫人的丈夫比埃尔·居里是我们的榜样，他的经历告诉生活中的我们越是优秀的人越是努力的道理。

比埃尔·居里于1859年5月15日生于巴黎一个医生家庭里。他在童年和少年时期，并没有显示出与众不同的聪明。那时候的他在性格上倾向于个人沉

思，不易改变思路，沉默寡言，反应缓慢，不适应普通学校的灌注式知识训练，不能跟班学习，人们都说他头脑迟钝，所以他从小没有进过小学和中学。

为此，父亲常带他到乡间采集动、植、矿物标本，培养了他对自然的浓厚兴趣，让他学到了如何观察事物和如何解释它们的初步方法。居里14岁时，父母为他请了一位数理教师，他的数理进步极快，16岁便取得理学学士学位；进入巴黎大学后两年，又取得物理学硕士学位。1880年，他21岁时，和他哥哥雅克·居里一起研究晶体的特性，发现了晶体的压电效应。1891年，他研究物质的磁性与温度的关系，建立了居里定律：顺磁质的磁化系数与绝对温度成反比。他在进行科学研究的过程中，还自己创造和改进了许多新仪器，例如压电水晶秤、居里天平、居里静电计等。

一个人爱好学习，勤奋读书，就会学有所获。比埃尔·居里的成功我们让明白，对于任何人来说，追求闲云野鹤的生活都不能成为你不思进取的借口。无论你现在多么优秀，都不能停下奋进的脚步。无独有偶，著名画家齐白石年逾九十，每天仍作画五幅。他说："不叫一日闲过。"他把这句话写出来，挂在墙上以自勉。一次，他过生日。由于他是一代宗师，学生朋友很多，从早到晚，客人络绎不绝。白石老人笑吟吟地送往迎来，等到送走最后一批客人，已是深夜了。年老的人，精力差了，他便睡了。第二天他一早爬起来，顾不上吃早饭就走进画室，摊纸挥毫，一张又一张地画着。家里人劝他："你吃饭呀！""别急。"画完五张后，他才用饭，饭后他继续作画。家里人怕他累坏了，说："您不是已画了五张吗？怎么还要画呢？""昨日生日，客人多，没作画。"齐白石解释，"今天多画几张，以补昨日的'闲过'呀！"说完，他又认真地画了起来。

齐白石已为画坛成功者，年迈之时仍不忘勤奋，这不正是告诉我们，奋斗不分年龄，只要你把握现在吗？

孔子说："好学近乎知（智）。"我们每个人都要拥有不断学习、不断奋进的理念。21世纪是知识经济的年代，高新技术带动生产力突飞猛进，不断改变着我们的生存环境和生存方式，更需要我们不断提高对新知识、新科技的

掌握能力，以及对新环境、新变化的应对能力。假如我们仅仅满足于在学校学得的那点东西，不注意及时“充电”，就远远不够了。

总之，我们每一个人都要认识到勤勉的重要性，也许你会产生疑问，现在努力会不会已经晚了？当然不是，但你首先要做的就是收拾自己的心情，然后梳理好自己的思绪，从现在开始，为成功奋斗，“不叫一日闲过”！

知足不应该成为你安于现状的借口

生活中，我们常说“知足常乐”。人之所以不快乐，就是因为不知足。实际上，人类自身的需求是很低的，远远低于欲望。房子再怎么大，也只能住一间；衣服再高贵，身上也只能穿一套；汽车再多，也只能开一辆在街上跑。能够认清楚这一点，那么我们就能够活得更加从容，更加豁达。然而，生活中的一些人，却曲解了“知足”的真正含义，我们倡导在物质生活上知足常乐，倡导追求精神层次的享受，这并不意味着我们应该安于现状、不思进取。

据社会学专家预测，未来的社会将变成一个复杂的、充满不确定性的高风险社会，如果人类自由行动的能力总在不断增强，那么不确定性也会不断增大。生活中的人们，你应该意识到，各种变化已经在我们身边悄然出现，勇敢地投身于其中的人也越来越多了，而如果你不积极行动起来，缺乏竞争意识、忧患意识，安于现状、不思进取，如果你还没被警醒，就会被时代所抛弃，被那些敢于冒险的人远远甩在后面。当然，现阶段，你应该把眼光重点放在培养自己的进取精神上。

是啊，生命是一个过程。怎么享受生命这个过程呢？那就是把注意力放在积极的事情上。懂得享受人生的人是淡定的，但他们绝不是看破红尘，不思进取，这是经过岁月磨砺后的沉稳含蓄，看淡世俗名利。

有一个年轻人看破红尘了，每天什么都不干，懒洋洋地坐在树底下晒太阳。有一个智者问他：“年轻人，这么大好的时光，你怎么不去赚钱？”年

轻人说："没意思，赚了钱还得花。"智者又问："你怎么不结婚？"年轻人说："没意思，弄不好还得离婚。"智者说："你怎么不交朋友？"年轻人说："没意思，交了朋友弄不好会反目成仇。"智者给年轻人一根绳子说："干脆你上吊吧，反正也得死，还不如现在死了算了。"年轻人说："我不想死。"智者于是说："生命是一个过程，不是一个结果。"年轻人幡然醒悟。

这就叫"一语惊醒梦中人"。然而，我们生活的周围，有些人为了彰显自己超然于物外，他们宁愿独处，不交朋友，甚至逃避社会竞争，他们以"自我为中心"，十分"被动"，等着别人先关心自己，建立关系。事实上，久而久之，他们便真的会失去与人竞争的能力，失去朋友，内心世界也会变得孤独。其实，在喧嚣的人世间，我们要保持内心的宁静，只要静下心来，坚定自己的信念即可，而不是给自己找借口逃避，因此，从现在起，大胆地走出自我限定的世界吧！

石油大王洛克菲勒曾说："与其生活在既不胜利也不失败的黯淡阴郁的心情里，成为既不知欢乐也不知悲伤的懦夫，倒不如不惜失败，大胆地向目标挑战！"他这句话是要鼓励我们勇于改变安稳的现状、敢于冒险。事实上，我们也发现，洛克菲勒本人就是个野心勃勃的人。

1870年，标准石油公司成立，洛克菲勒任总裁，该公司资产100万美元。洛克菲勒放言，"总有一天，所有的炼油和制桶业务都要归标准石油公司。"公司主要负责人不领工资，只从股票升值和红利部分中提成。"不领工资只分红"这个制度创新一直影响到现在的美国企业。洛克菲勒坚信，"一个人想要变得与众不同，需要进入只有一件事可做的局面，并无供选择的余地；他想逃，可是无路可逃。因此他只有顺着眼前唯一的道路朝前走，而人们称它为勇气。"

的确，人生的旅途中，不敢冒险的人、不敢真正跨出第一步的人最终只会使自己在给自己限定的舞台上越来越渺小。没有舞台的演员就像被缴械的军人，被剥夺了笔的画家，只会离成功越来越远。

因此，生活中的人们，摒弃知足常乐的借口，培养自己进取和冒险的精

神吧，对此，你可以这样锻炼自己：

1.克服恐惧

做曾经不敢做的事，本身就是克服恐惧的过程。如果你退缩、不敢尝试，那么，下次你还是不敢，你永远都做不成。只要你下定决心、勇于尝试，那么，这就证明你已经进步了。在不远的将来，虽然你会遇到很多困难，但你的勇气一定会帮你获得成功。

2.为自己拟定一份“战书”

向自己不敢做的事“下战书”就是拿过去不敢做的事、曾经畏惧的事情“开刀”，克服自己的心理恐惧，扫除心里的“精神垃圾”，以树立起信心。

也许你还有很多过去不敢做的事，那就列个困难清单逐个给它们下“战书”，只要做到每天有突破、有进步，总有一天你会把所有的“不敢做”都变成“不，敢做”，那么胆小怯懦的“旧你”就成为了自信勇敢的“新你”了，成功就会向你招手。

其实人的一生就是一场冒险，走得最远的人是那些愿意去做、愿意去冒险的人。我们每一个人都要相信自己能成功，要鼓起勇气，尝试迈出第一步，这才是真正的勇者。

真诚地追求梦想，但别让自己成为追逐名利的工具

生活中，人们常开玩笑说：“梦想很丰满，现实很骨感。”的确，我们每个人来到这个世界上，都想在这个世界上留下点什么。我们都历经了艰辛、困难、挫折、失败，变得沮丧、变得没有自信，从而放弃了原本的努力和追求，我们是如此无奈。但是，成功的能有几个？大部分人都是平凡的人，碌碌无为、平凡地度过这漫长的一生。我们每个人都有着属于自己的梦想，却为了生活、为了生计而与当初的梦想背道而驰。这应该是大部分人的成长轨迹。然而，也有一部分人，年少时他们也曾有着自己的梦想，但在追求梦想的过程

中，他们经受不住来自外界的诱惑，逐渐被尘世中的名与利迷乱了双眼，并在名利中沉沦下去；当他们回首过去时，却发现自己已经远离当初的梦想了。

王强和李瑞是两个很好的朋友，他们一起从家乡偏远的小城镇考到了上海数一数二的名牌大学的建筑系。在高中时代，王强的成绩明显地胜过李瑞一筹，但这种现象在大学时期并不是很突出。在四季的更替中，四年大学生活很快就结束了，李瑞由于善于交往，有着不错的人际关系，毕业后落脚在上海，而且还捞到了一纸上海户口。而王强则因毕业之前家里父亲病重而回了趟家，考研及毕业联系就业单位的事情全耽误了。随后他一路不顺，在上海尝试到几家公司去应聘，均遭到失败。最后，他回到了老家的食品厂就职。

在刚开始时，王强对于工作很不适应，这里的人也与他格格不入。他仍然抱有考研的志向，并坚持学习着。但离下次研究生考试还有近一年的时间，他在这漫长的等待中煎熬着。

在接连收到单位发放的还算不错的工资和奖金后，王强似乎觉得有些满足了，他渐渐地适应了小镇的环境和单位的境况，而且学会了揩油，时不时地也能尝到在这里工作的甜头。后来，考研的话越来越少地被他提起，他似乎开始享受这种不愁吃喝的生活。没多久，有人开始给他做媒，单位也决定给他分房，涨工资……

就这样，一晃十多年过去了，他依旧在食品厂工作着；但不同的是，现在他的生活安逸多了，他晋升成了厂子里的副总，开着名车，住着别墅，他风光极了。可是一起事件结束了这一切，原来，他为了扩充食品厂的厂房基地，看中了市郊的某片地，在投标的过程中，他使用了一些非法手段，当然，这些被曝光后，他只得身陷囹圄。

其实，生活中，和故事中的王强一样，因为一些蝇头小利而放弃自己当初的梦想，甚至自甘堕落者并不少见。

的确，从小到大，每个人都会有许多梦想。有人说，“年少时，梦想往往很远大；成年后，梦想常常会缩小。步入盛年，我们的梦想或许越来越少；但是，我们的梦想不再不切实际，而是可以通过努力去实现的。”但实际上，

年少时的梦想本来同样可以实现，只是很多时候，在追逐名利的过程中，我们把它搁浅了。的确，名利的车轮沉重缓慢地碾碎了许多人的梦想。

那么，我们如何才能做到在追求梦想的同时不在名利中沉沦呢？

1.树立正确的人生态度

人生态度，是贯穿于人的一生的，它具体表现在人们对于人生所遇到的每个问题的态度上，这种态度决定了人们的行为。当然，人们的人生态度不同，在人生的每个阶段上的态度也有所不同，但正是因为人生的态度的不同，才引发了不同的人生结果。

一个人只有拥有正确的人生态度，才能正确处理好人生道路上的种种问题，才能获得成功、圆满的一生，否则，他不仅会在每个具体问题上失败，他的一生也不会有一个好的结局。

2.坚信自己的梦想

据说，有一次，爱因斯坦上物理实验课时，不慎弄伤了右手。教授看到后叹口气说："唉，你为什么非要学物理呢？为什么不去学医学、法律或语言呢？"爱因斯坦回答说："我觉得自己对物理学有一种特别的爱好和才能。"

这句话在当时听起来似乎有点自负，但它真实地说明了爱因斯坦对自己有充分的认识和把握。

人说，人生路漫漫，人生路奇妙，因为各种突如其来的选择，使我们与许多本来有缘的道路绝缘，同时走上本来不应产生关系的道路。你需要做的是，树立正确的人生态度，赶快企划自己的人生，永远给自己一个新的机会，这样才能离属于你的舞台越来越近！

以正确的心态提升自己

古人云："君子之行，静以修身，俭以养德，非淡泊无以明志，非宁静无以致远。"意思就是要以淡泊名利的平常心来提升自己的人格魅力，这也是

古人一直追寻的人生境界。他们以书为友，以自然为友，无论外界变化如何，他们都能保持一颗安静、淡定的心。然而，也有一些人，他们提升自己，并不是为了砥砺心智，而是为了所谓的名利，不惜付出生命中最为沉重的代价。

吴起是战国时代的名将，谋略超人，但同时他也痴迷于名利。为了求名，他不择手段。曾经，为了赢得鲁国的信任，他竟然杀了与自己共患难，携带大量金银珠宝与自己私奔的妻子，就因为他的妻子是鲁国的敌国——齐国人。事后，他终于成名，但不幸的是，他总遭小人暗算，跌下神坛，三起三落。因求名而得名，他做到了；然而，盛名之下其实难副，因名丧命，他最终失败了。

然而，现代社会，类似于吴起这样的人并不少见。诚然，社会竞争之激烈要求我们做到不断充实自己，否则，将会被社会淘汰；但如果一味地以追名逐利为目的，那么，在不断的追逐中，我们终将会失去自我而成为名利的奴隶。因此，我们需要常常自省，检查自己的行为与思想是否偏离了人生的轨道。我们再来看下面一个人民教师的日记：

看着同学们一个个高升，自己也曾做过美梦，但这很快成为一种遐想。因为我属于没钱没权的那一类。曾经一位老师对我说：要将目光转向内心世界，我们不一定会成为“名”师，但有可能成为“明”师。是啊，我们不一定成为“名”师，但我们可以成为“明”师。校园本是一方净土，我们不但是知识的传播者，更是美好灵魂的传递者。

让我们审视自我，自己的灵魂是否曾被玷污？淡泊名利，提升自我，是否已成为我们成长的选择？

曾经为了职称的评定而四处奔波，打分、证书、年度考核等无一不有着不可见光的一面。一年的奔波，让我变得“聪明”，让我变得那么渺小。让我看清了这个世界，终于打破了儿时那种天真烂漫的纯洁。看着自己随波逐流，看着自己被同化，内心不禁有一种伤感。

淡泊名利，提升自我。为了成为一名“明”师，自己正在像蜗牛一样慢慢地爬行，在前进中我结识了好多朋友。豁然间，我感觉天真的很蓝很蓝；空

气是那么新鲜；阳光是那么明媚……

的确，现实生活中，有许多人和这位教师一样，考尽了证书，为了各种考核，不得不废寝忘食地学习。这种充实自我的精神是值得学习的，但我们学习、奋斗的动机决不能是名利，而应是更好地发挥自我价值，丰盈自己的内心。

实际上，我们的生活中还有另外一类人，他们习惯抱怨没有机遇、抱怨工作忙碌、抱怨工作没有前途等，但如果问他们准备怎么改变的时候，98%的人会哑口无言，不能说出具体的方案，或者干脆悲观地说："没办法，过一天算一天吧。"为什么会这样？因为他们没有付出汗水，没有鞭策自己的动力，结果只能生活在他们无法改变的世界上，忍受着失意的折磨，靠发牢骚打发无聊的时光。

那么，现实生活中的人们，该如何以正确的心态提升自己呢？

1.为自己制订一个合适的计划和目标

不追名逐利，并不意味着我们要庸庸碌碌，放弃自己的梦想。的确，任何一个人都有梦想，但并不是所有人都实现了梦想，这其中一个重要的原因就是他们并没有规定自己要在一定的期限内完成自己的目标。于是，随着时间的推移，他们的梦想只能逐渐搁浅。我们常说，没有做不到，只有想不到；也就是说，没有不合理的目标，只有不合理的期限。所以，在你设立目标的同时，一定不能忘了为你的目标设定一个期限。

比如，你的目标是写一本书，但是你并没有给自己一个期限，那么，你就会无限制地拖延下去，直到生命的终结。而如果你给自己定一个期限，比如一年，或者两年、三年，那么你就会按照这个期限来约束自己，在规定的时间内完成任务。

当然，我们所设置的这个期限需要有一定的紧迫性，这样才能鞭策我们；但同时还得合理，任何一件事的完成都不可能是一蹴而就的。

2.经常为自己充电

"活到老，学到老"这句话对于现代社会人而言是必须牢记于心的理念。无论是拿出业余时间去深造，还是在工作中不断学习，我们都应该付诸思

索与行动，为自己量身打造一个充电计划，并最终拥有纵横职场的能力。当然，我们要作好职业定位再去充电。

3.常自省

你是否因为周围人的升迁、财富的获得而触动？你是否为了赶超他们而采取过措施？你是否想一夜暴富？如果有这样的想法，那么，你最好停下脚步，告诫自己，不要迷失了人生的方向。这样，你定当能潇洒地看待人生。

第16章

多个朋友多条路？告诉你，交朋结友要有自己的原则和准则

人生在世，谁都希望有几个朋友，在关键时刻为我们伸出援助的手；但也有一些人，会对我们落井下石。中国古人在交朋友上提出了益友和损友的思想，而我们择友的标准就是要选择益友，而不选择损友。当今社会，我们的交际对象和交际圈越来越凸显繁杂，一不小心，我们就会交到“损友”。因此，在与人交际的时候，我们要想交到真正的益友，就应该擦亮眼睛，善于从对方的言行中分析他的秉性和人格等，毕竟，如果能交到好的朋友，我们就可能会受益一生，得到无限的乐趣。

朋友真的越多越好吗

生活中，人们常说，多个朋友多条路，这句话意在鼓励我们多交朋友，然而，朋友真的是越多越好吗？真的是什么人都能结交吗？答案当然是否定的。我们要慎交友，交益友，并非人人都想交朋友，也并非人人都能成为你的朋友。要有选择性地交友，在人际交往中，完善自我，寻找快乐，摆脱忧愁，这样有益于身心健康。在你选择朋友，建立人际关系网络时，最好避开那些有害的朋友。

孔子曰："益者三友，损者三友。友直，友谅，友多闻，益矣。友便辟，友善柔，友便佞，损矣。"这句话的意思是，有益的朋友有三种，这叫"益友"；有害的朋友有三种，这叫"损友"。同正直的人交朋友，同宽厚的人交朋友，同博闻见识的或者知识渊博的人交朋友，那你就可以获得好处。同善于逢迎谄媚的人交朋友，同两面三刀的人交朋友，同惯于花言巧语的人交朋友，就会给你带来损害。

王黎是某外贸公司新来的员工，为了和大家搞好关系，她对公司的老员工总是恭敬有加。但在刚来公司的第一天，办公室好心的保洁阿姨就告诉她，离同事陈某远点，王黎当时也没多想。但后来，王黎逐渐领略到了她的"厉害"。

一次，王黎去外地出差，陈某笑嘻嘻地请其给她捎带特产。等到王黎把

买来的特产送到她手上后，陈某却恰到好处地忘了给钱。过了十天半月，陈某非常严肃地、跟没事人似的问道："我给你钱了吧？你可别不好意思！"谁能为百八十块的钱儿跟她认真呢？王黎想想就算了。这样，陈某就白白赚了王黎一个小便宜，她为自己略施小技就获得成功而高兴不已。可能她因此觉得王黎很好欺负，于是这种事情接二连三地发生了。

刚来公司的王黎一个月那点薪水哪经得起陈某的几次折腾。有一次，陈某故技重施，让王黎给她带某化妆品，王黎就借口推托了，谁知道，等王黎回来后，满公司上下已经闹得沸沸扬扬，说王黎趁出差之机，利用公司经费，与男友去外地旅游等，话说得极其难听。虽然大家都知道这件事可能是陈某造谣，但对王黎也敬而远之了，因为谁也不想惹什么是非。

在这个案例中，陈某就是个自私自利、爱贪小便宜并且尖酸刻薄之人，在没占到新同事便宜的情况下，她就采取造谣、说坏话的手段报复。王黎在刚来公司的时候，如果能听取保洁阿姨的忠告，远离陈某，估计就不会出现后面的陈某因为占便宜不成而造谣中伤她的事了。

古人云"良师益友"，他们才是我们人生中的"贵人"，才能在我们人生路上给我们适时的引导和鼓励。纪晓岚与和珅之间曾有这样一个故事：

权臣和珅新修了一所府第，为附庸风雅，他便去请纪晓岚为府第正厅题一匾额。纪晓岚既不愿意写，又不便推辞，略一"踌躇"，便提笔提了"竹苞"二字，取"竹苞松茂"之意。和珅高高兴兴拿回府悬挂在正厅，并以此常在同僚中炫耀。

一天，乾隆皇帝到和珅家里，见匾额上的字是纪晓岚所题，心里犯疑，凝神注意，忽恍然大悟，便笑着对和珅说："爱卿被纪晓岚作弄了！把'竹苞'二字拆开来，不就变成'个个草包'四字了吗？"乾隆说完不禁哈哈大笑，和珅却是哭笑不得。

原来，"苞"者，丛生而茂密也。"竹苞松茂"乃松竹茂盛之意，是个褒义词，有人才辈出，人才济济之意。但将"竹苞"二字分别拆开来看，则分别是由"个""个""艹""包"组成，连起来就成了"个个草包"，其结果

就成了反义词，而且讽刺意味甚浓。

本想炫耀一番的和珅却被纪晓岚愚弄了一番，乾隆皇帝看透其中门道不禁哈哈大笑，而和珅此时的尴尬可想而知。从这里，我们可以看出纪晓岚与和珅之间的不睦。

可见，在与人交际的时候，我们要想交到真正的益友，就应该擦亮眼睛，善于从对方的言行中分析他的秉性和人格等，毕竟，好的朋友能让我们受益一生、得到无限的乐趣，甚至成为我们人生中的“贵人”；但若交到不好的朋友，要想不走入歧途、不倒霉则是很难的。可见，对于交朋结友，我们一定要有自己的原则，这样才能避开很多难题！

什么才是真正的朋友

人生在世，谁都有几个朋友，在关键时刻为我们伸出援助的手，但我们很多时候并不明白朋友的真正定义，也不明白谁才是我们真正的朋友。毕竟，现代社会的人际交往中，人都是戴着面具的。你要记住，朋友是在你走向黑岸的时候为你点亮明灯的那个人。朋友不会因为你现在处于困难时期而离你远去，朋友不会因为你处在人生的低谷而抛弃你，真正的朋友不会人云亦云，不会在你受伤的伤口上再撒上一把盐，不会因为小人对你的栽赃而远离你。当你感到迷茫时，不妨巧妙给朋友作个“测验”，一个小小的考验就能让你看清对方的真面目。

从前有两个穿得很破烂的年轻学者四处旅行。他们来到一个小镇，请求当地的富翁让他们借住一晚。富翁一看两人的衣服，马上就拒绝了，他们只好另找住处。

十年后，这两位学者变成有名的专家，名扬世界。

有一天他们又路过那个小镇，便前往当年帮助他们的人家拜访。碰巧，那位富翁也在场。富翁当然认得他们，一看他们穿得光鲜亮丽，马也很漂亮，

又是人人尊敬的学者，便恳求他们到他家住宿一晚，并且住在最好的房间。

学者却说："那我们就不客气了，请你让这两匹马住到你家去吧！"

富翁的做法无疑是自取其辱，他以貌取人，结果被当年受辱的学者回绝了。逆境能帮助我们看清一个人的面目，那些能在我们需要帮助时为我们伸出援手的便是朋友，而对我们冷眼相看的人便不是朋友。患难之中才能见真情，真正的朋友是能分担你忧愁和痛苦的人，也最能经得起时间和磨难的考验。整日甜言蜜语的人不是真君子，在你人生得意时警醒你的人才是真正的朋友，他们不会大难临头各自飞。

那么，到底什么样的人才是我们真正的朋友呢？

1.真正的朋友不会见利忘义

真正的朋友，不会因为一点私利就把朋友的情谊抛在一边。真正的朋友是不会有私心的，他是在你需要帮助的时候不顾一切呵护你的人，他是一直对你最忠诚的人，他是牢记你们以前的一言一行，不会因为你暂时的不顺利而把你忘掉的人。

2.敢于说真话的人才是真朋友

很多时候我们也知道，交朋友是一件很难的事，人与人之间的距离好像很远，一些尔虞我诈的事例让我们不得不多设置一道防线。中国文化中，友道的精神在于"规过劝善"，这是朋友的价值。批评和自我批评，有错误相互纠正谅解，彼此共同改掉毛病或缺点，互相学习勉励，共同发展，这才是真正朋友。

一个剧作家，有次交给著名影星凯伦小姐一个剧本。凯伦小姐看后，便马上坐下来给这位剧作写信："亲爱的皮特先生，感谢你送给我这样一部动人的剧本，读后，我非常感动。剧本很幽默，不过……"

当凯伦小姐写到这里时，她的笔在纸上停了下来。因为她不喜欢信里的虚伪口吻。于是她铺开了另外一张纸，写道："亲爱的皮特先生，剧本我用心看了看，乱糟糟的，我实在搞不懂都说了些什么……"她再次停笔，从头再写："皮特先生，你这剧本很令人丧气，多年来，我还是第一次看到这样的剧本……”

太过火了吧！凯伦小姐心里念叨着，于是，又改写为：“亲爱的皮特先生，承蒙看待，不胜感谢，无奈近日琐事颇多，无暇顾及……”这还是不能令她满意，干吗要对别人撒谎呢？

过了几天后，凯伦小姐和朋友谈起这件事情，朋友问她最后怎样处理了。她说：“我把四封信装进一个信封，全都寄给了他。”

很多时候，直言不讳可能会让当事人很难堪，但只要你的态度是真诚的，别人最终会把它收进耳朵，并在想通了之后对你心存感激。如果你有这样一个对你说真话的朋友，那么你一定要珍惜。

总之，我们需要记住的是，我们不可能有“三头六臂”，无法迎接不同的人，但选择与什么样的人交往，我们是有自主权的。只有那些品性良好的益友，才会在关键时刻与我们患难与共，才是我们生命中的贵人。他们不会有过多美妙的赞美的语言，有时候，他们只知道批评、指责你，他们说的都是你不喜欢听的话；你把自认为得意的事对他们说，他们偏偏泼你冷水；你把满腹的理想、计划对他们说，他们却毫不留情地指出其中的问题；有时甚至不分青红皂白地就把你做人做事的缺点数落一顿……反正，从他们嘴里听不到一句好话。但这样的人，才是我们的人生导师。还有一种人，他们说话做事都会尽量不得罪人，因此多半是宁可说好听的话让人高兴，也不说难听的话让人讨厌。其实这样的人根本没有尽到做朋友的义务，明明知道你有缺点而不去说，有时候甚至是别有居心的。这种朋友就算不害你，对你也没有任何好处，你大可不必浪费时间和这样的人交往。

远离小人，别让自己陷入困境

在社会生存中，形形色色的人们，总有一些人不以真诚面临众人，而是戴着一副假面具示人。有些人即使看起来是我们要好的挚友，其欺诈性也是防

不胜防。每当我们在最失意的时候，偶尔会把心中的怨气宣泄迁怒于他人，却没想到，竟会招致他人的痛恨乃至敌视。而这类出卖我们的人，就是人们常说的“伪君子”。这种人“明是一把火，暗是一把刀”，又被称为“笑面虎”，是最危险的一种人。他们可能有一个美丽的包装，开始的时候，他们看起来是那么和善，那么富有诚意，对你又那么关心，你可能感动得把自己的一切都告诉他们；而一旦你跟他们的利益发生冲突，他们就会狠狠地踩你一脚，有时候，他们甚至是“损人不利己”的。

对于这样的小人，我们该怎么对付呢？我们先来看看娜娜是怎么做的：

我们来看看娜娜的职场心酸经历：

娜娜是一个单纯漂亮的女孩子，曾就读于一所比较出名的美术学校，毕业后，她被一家艺术设计公司聘用，具体工作是给舞台礼服设计花样图案。但她的老板是个抠门的人，每天都会看着办公室的员工们干活，看见谁偷懒，就会严格扣除工资，而他给娜娜的工资每月只有一千七，除掉房租勉强只够吃饭。因此，娜娜并不能和其他女孩一样可以大手大脚地花钱，即使想约朋友，也是把他们带回家里来，然后亲自下厨弄菜招待。

娜娜刚来公司的时候，认识了一个比她稍长一点的姐姐。因为在同一个学校毕业，而那个同事比她资深，算是个小领导，平时在公司也算对娜娜照顾，所以娜娜就死心塌地对人家好。

有一天，那个女同事因为和男友分手，心情不好，看到娜娜在工作，便不分青红皂白地把娜娜骂了一通，娜娜虽然也生气，但知道原因后，从那同事的角度想了想，也就原谅了那个同事。次日，她还是满面微笑地招呼那位同事，就当作什么也没发生过。

而那个女同事压根儿就是个小人，看见娜娜没有生气，反倒觉得奇怪：“我这么对她，她居然没有一点记恨的表现，肯定是装的！”于是，这个女同事心生恨意，准备先下手为强，将娜娜赶出公司。终于，她等到了机会。

不久两人去外地出差，客户选中了娜娜设计的几个方案，却没有挑中那个女同事的任何一个。娜娜还好心地把样稿让一部分给那同事做，没想到对方压根不念好，更对娜娜记恨在心。

第三天，娜娜被公司一个电话提前召回，等待她的是放在桌子上的辞退通知信。她流着眼泪读信，感觉自己是不明不白地被辞退的。后来，有个心眼好的同事告诉她，原来是那个女同事在老板那儿说了坏话，说娜娜在外出差不好好干活，设计的图案一幅也没被选中，还抽空溜出去玩。老板当场大怒，下令把娜娜立刻开除，其他人怎么劝也没用。

这时，娜娜才知道原来自己是被陷害了，还是被自己一直信任的人陷害的，她真是哭笑不得。她也不想解释太多，于是收拾东西离开了公司。

娜娜的那个女同事，简直可以说是一个现代版的“以小人之心度君子之腹”的小人，这样的小人在生活中自然不少。其实，娜娜落得如此悲惨的下场，也与她自己交友不慎有莫大的关系，她错就错在太善良，对人不留一手，把饿狼当知己，到头来还被饿狼咬了一口。在与那个女同事共事的过程中，娜娜早该看出来她是个嫉贤妒能、心术不正的小人。这种人，无论你怎样对她掏心掏肺，她就是不念你的好，反而认为你是装作好心。职场如战场，在面对竞争和利益的时候，如果你不懂得保护自己，不懂得趋利避害，那么你的路将会走得很辛苦，就像娜娜那样，即便试图委曲求全、夹缝里求生存，也依然会被人排挤。

其实，“小人”就是“小人”，不管他身处何职，出的点子、办的事情都是“小家子”之气，他们行事诡诈，总是想着整人害人，否则就枉费了“小人”之名，这就叫“本性难移”。对待这类人物只有一个办法：不予理睬、退避三舍。

阴险的人没有明显的标志，一般情况下，短时间内不容易辨别，但随着时间的推移，他们终究会露出蛛丝马迹。阴险之人的表现大体有以下几个特点。

1.喜欢造谣生事

他们把造谣生事当成家常便饭，乐此不疲。为了达到自己的目的，不惜诽谤别人，诋毁别人的名誉。

2.喜欢挑拨离间

他们为了达到谋取个人利益，通常会使用离间法挑拨朋友之间的感情，好从中坐收渔利。

3.擅长拍马奉承

这种人嘴甜如蜜，善于恭维别人，拍马屁，无事生非，说别人的坏话。

4.具有势利眼病

他们对有权有势的人关怀备至，一旦有一天他们发现自己所依附的靠山调离此处或出现问题轰然倒塌，他们就会落井下石，迅速抛弃对方，另寻高枝。

总之，与这样的人交往，要有防范之心。他们一般都工于心计，和别人交往时，他们往往把自己真实的一面隐藏起来。交往中遇到这样的人时，切记不要让他们完全掌握你的秘密和底细，更不要为他们所利用，或一不小心陷入他们的圈套之中。

“危险的朋友”有时也能助你一臂之力

人是社会关系的总和，人生在世，都是在一定的社会环境中生活的，都需要交朋友。可能身边的人常常对我们说：结交朋友，一定亲近贤人，远离小人。不错，这是结交朋友最基本的原则，结交到的益友，可成为你生命中的贵人，助你在事业上成功。但事实上，敌人和朋友之间也没有绝对的界限，今日的朋友可能明日就成为你在商业上的敌人，今日的敌人也可能日后在事业上助你一臂之力，成为你的朋友。有时候，那些看似“危险的朋友”也能助你一臂之力，因此，在存储人脉的过程中，我们要懂得圆润通达，不可认死理，要善待你周围的每一个人，因为他随时可能成为你的贵人。

一座孤岛上居住了一个村落，村民以放牧绵羊为生，近来却因狼群时常闯进羊的生活区而使羊频频丢失。牧民为此大为头疼，最后不得不组织了一支

打猎队对岛上的狼大肆捕杀，终于把全岛的狼一网打尽了。按说牧民可以高枕无忧地放牧了，可是过了不久，新的问题又来了：牧民发现岛上的羊群不如以前健壮了，羸弱病残的急剧增多，他们找了很多著名的兽医来诊断，终是收效甚微。牧民又为此而忧心忡忡，无计可施。

后来另一座岛上的一位长者听说了，给他们出了个主意：再给岛上放进几只狼，问题即可迎刃而解。起先孤岛上的牧民都感到难以理解，但也备感无奈，只好抱着试试看的心理，照着办。一段时间后，奇迹出现了，本已羸弱病残的羊群又渐渐恢复了以前的骁勇，因为羊群有了凶恶的狼的威胁，只只都得提高警惕，随时准备逃命，从而增进了它们的肺活量，加速了他们的血液循环……

从这个故事中，我们懂得一个道理，其实正是那些看似危险的人对我们造成的威胁，让我们不断有前进的活力和奋斗的动力，“有竞争才有动力”说的就是这个道理。从这个含义上说，这些“危险的朋友”也就是我们的贵人。

然而，我们的身边却有这样一些人，他们太过天真，常常把身边的人简单地归类为朋友和敌人，认为世事非黑即白，还秉承着不向敌人低头的做人原则。其实，这种做法是幼稚的，真正能对你起到帮助作用的，不一定是你那些所谓的朋友；相反，关键时候，能起到作用的可能正是那些危险的朋友。因此，我们不妨善待他们，主动结交他们。

马超在东川张鲁手下，张鲁让他带兵攻打刘备入川以后占领的葭萌关。诸葛亮让张飞出战，二人大战二百多回合，不分胜败；接着夜战，还是难决高下。诸葛亮就给刘备出主意，要用计谋招降马超。

刘备收买了张鲁的谋士杨松。杨松就散布谣言说马超想造反，劝说张鲁，限令马超一个月内攻取西川，打退刘备。马超心里明白这是不可能完成的。进，不能攻取西川；退，又不能通过重兵把守的关隘。马超陷入了进退两难的境地。

这时，刘备派遣跟马超有交往的李恢去劝降。李恢来到马超营寨。马超对部下说：“我知道李恢能说会道，他今天一定是来游说的。”他在营帐外面

埋伏刀斧手，叮嘱说：“我让你们砍他，就把他砍成肉酱！”不一会儿，李恢进来了，马超威严地坐在军帐里，呵叱说：“你来干什么？”李恢说：“特意来做说客。”

马超说：“我的剑可是新磨的，你说说看，话不在理，就试试我的剑！”李恢笑着说：“将军的灾祸不远啦！”马超说：“我有什么祸？”李恢说：“您跟曹操有杀父之仇。向前走不能帮着刘璋打败刘备，往后退又没法制服杨松跟张鲁见面。四海没法容身，没有主公可以依靠。如果再失败了，有什么脸见天下人？”

马超听了叩头拜谢，说：“您说得太对了，只是我走投无路。”李恢说：“刘皇叔重视结交人才，他必成大业。您的父亲跟刘备共同声讨过曹操，您为什么不弃暗投明？这样既可以报父仇，也可以建功业。”马超听后非常高兴，便跟随李恢到葭萌关投靠刘备。

后来马超成为五虎上将之一，官职升到骠骑将军，进封斄乡侯，正是他弃暗投明的结果。

马超可以说也是刘备建功立业路上的贵人，和他们的关系一样，中国历史上，那些明君都善于笼络敌人的“心腹”。唐太宗李世民玄武门之变后不追究太子建成的心腹魏征的责任，反倒以礼相待，让他贵为宰相，从而助其建立起一代盛世。

苏格拉底说过，真正高明的人，就是能够借助别人的智慧，来使自己不受蒙蔽。结交到贵人，你的人生就有了导师，你的事业就有了开路先锋，找一个贵人相助，比你作的任何决定都来得重要。因此，我们看人看事不可太过绝对，无论什么样的朋友，只要对方能助你成功，你都需要与之结交！

第17章

好马也吃回头草：经历了才知对错，才知珍惜

中国人常说“好马不吃回头草”，然而，这句话真的是至理名言吗？我们举几个例子，曾经与你相爱的人由于误会而分开了，当你们再次走在一起的时候，为什么不解开彼此的心结再续前缘呢？你曾经非常热爱的一份工作因为种种原因而失去了，如果你愿意，为什么不回到从前呢？总有一些事情经历了才知道对与错，总有一些东西失去了才知道珍贵，既然知道了，为什么不回头，为什么还有那么多的牵绊？为此，我们每个人都要明白，“好马也吃回头草”，放下面子，承认失败，都是有勇气的最佳表现；同时，我们也该做到珍惜当下，着眼今天，这样才能减少让自己后悔和遗憾的可能。

回头有草，为何不吃

有人说，人生路上处处都是十字路口，向左走向右走向前走向后走，都是抉择；抉择过后，又有分分合合。很多时候，人们在选择之后又发现自己的决策并不明智，于是，人们希望能吃“回头草”。然而，不知从何时起，“好马不吃回头草”成为人们一贯的行为准则。

曾经有这么一个故事：

一群马流浪到一片肥沃的草地，草地的这头碧波万顷，草地的那头沙海茫茫。

马儿们忘乎所以地吃着鲜嫩的青草，觉得这是上天对它们的恩宠，从这头吃到那头，而到了那头，它们发现那是一片一望无际的沙漠。这时候，几乎所有的马都惋惜再也吃不到这样好的草了。有的马继续前行，但终究没有走出沙漠；有的马立在原地，誓死不回头；有的马忍不住回头望了望它们吃剩下的青草，但始终没有往回走，它们都是好马，好马不吃回头草啊！

只有一匹马，它不想为了做好马而失去生存，于是它轻松地往回走，坦然地吃着回头草，从这头吃到那头，再从那头吃到这头。结果其他的好马都死了，只有它活了下来。

现实中往往有这样的人，他们以好马自居，错过了就错过了，失去了就失去了，表面上不在乎，心底里却后悔不已。不是他们不想吃回头草，而是他

们不敢吃。

接下来，我们再看一个故事：

在一片麦田旁，三个人被告知只有一次选择一棵麦穗的机会，且不准走回头路，看谁选的最大。第一个人刚下麦田，就兴冲冲地选择了一棵看起来还算够大的麦穗；第二个人下田后，走走看看，以了解麦子的长势，然后差不多走了一半，便选择了一棵他认为最大的麦穗；第三个人估计是位足球爱好者，牢记着贝利那句“最好的进球是下一个”的名言，一直在麦田里走啊走，总觉得后面还有更大的麦穗，结果已经走到了麦田的边上，没办法，只好就近随便摘了一棵麦穗了事。从这个故事看来，第三个人显然最辛苦，也最接近于“不吃回头草”的“好马”。可能因为他自觉是匹“好马”，能走更远的路，所以不回头，结果那棵最大的麦穗只能留在回忆中。

由此看来，“吃不吃回头草”并不能作为衡量其是否为“好马”的标准。就拿职场来讲，比如，你原来在一家单位干得很不错，领导也很赏识，可你基于各种原因，跳到了另一个单位；后来却发现这个单位各方面都不如原来的单位，你动了心想回去，但脑子里又有着“好马不吃回头草”的顾虑，因而迟迟犹豫不决，这个时候你到底该怎么办？

不要面子不受罪，中国人的确有“好马不吃回头草”的症结，究其原因，其中很重要的一点无非是“人情”和“面子”在作怪。如果“好马回头”，就觉得没有“面子”，大家也会认为“早知今日，何必当初”。由此就导致许多人“死要面子活受罪”。中国人还有一句话叫“浪子回头金不换”，主要是为了给那些“回头”者找到一个美丽的说法。尽管如此，能够回头的人依然寥寥无几，因为这需要足够的勇气和动力。

俗话说“人有脸，树有皮”，如果自己原来所在的企业单位很令自己满意，干吗还要跳槽呢？当然是“这山望着那山高”。到了新单位，又觉得各方面不如原单位，这也并不奇怪。为此，对这一问题，一些人的回答很干脆：“即便原单位领导和同事都以诚恳的态度希望我回去，我也坚决不会回去的。主要原因很明显：别人能原谅我的‘不明智’选择，我自己却不能原谅自己。”另外，新单位接纳了他，他再跳槽回去，虽说来去自由，可新单位的领导会怎么看他这个人的人品？他既然已经来到这个新单位，就不能光考虑自己的利益，他会踏踏实实地在这里干上至少一年半载，力争为新单位作些贡献。如果对该单位确实不满意，再选择另外一家新单位“跳槽”。原来的单位肯定不会回去，而至于原因，一句成语足以总结——“无颜见江东父老”。

这样做虽然面子是保住了，但是遗憾的是，由于“好马不吃回头草”这一莫名其妙的古训，多少“草”依旧而“马”不见。

如果唯一使你犹豫不决的原因就是“好马不吃回头草”这样的观念在作怪，让你觉得当初毅然决然地离开，而今又夹着尾巴回来，显得很没有面子，那么大可不必。自古道“良禽择木而栖”，现在人们对跳槽都很理解，就算当初的选择是自己的失误，可谁能无过？过而改之，善莫大焉，何况这也谈不上是什么原则性的大错。

其实仔细想一下，一个人一生中真正不能“回头”的事并不算多，如果说人生有时间和空间两大坐标，那么唯有时间才是真正不能“回头”，一去不复返的。“不吃回头草”只是一句俗语，如果愿意，任何一匹马都可以在不同的时间“光顾”同一棵草，前提是那棵草还在那里等着这匹马。既然回头有草，那么为何不吃？

勇于面对，敢于从头再来

生活中，我们每个人都是一个独立的个体，都有着与他人不同的命运。现实生活中，有的人能平步青云、顺风顺水，做什么好像都毫无阻碍；也有一些人，总是命途多舛，做什么都不顺利。如果你是后者，那么，请不要灰心，因为这并不代表你是个无能的人，在人生的竞技场上，只有笑到最后的人才是成功的。为此，即便你现在失败了，不必害怕，只要你勇于面对，敢于从头再来，你最终也会成功。

1914年12月，大发明家爱迪生的实验室发生大火，损失超过200万美元，他一生的心血在这场灾难中化为灰烬。大火最猛烈的时候，爱迪生24岁的儿子查里斯在浓烟和废墟中发疯似的寻找父亲，最终找到他时，爱迪生正平静地看着火势，他的脸在摇曳的火光中闪亮，白发在寒风中飘动。他平静地看着大火，那平静中可能有悲伤、有无奈，但更多的还是坚毅和冷静。

“我真为他难过，”查里斯后来写道，“他都67岁了，不再年轻了，可眼下一切都没有了。他看到我就嚷道：‘查里斯，你母亲哪里去了？去，快去把她找来，她这辈子恐怕再也见不着这样的场面了。’”可见，灾祸并未将爱迪生击垮。他那幽默风趣的语言体现出他的乐观与豁达。第二天早上，他面对一片废墟说：“灾难自有它的价值，这不，我们以前所有的谬误、过失都给烧得一干二净，感谢上帝，这下我们又可以从头再来了。”火灾刚过去三个星期，爱迪生就开始推出他的第一部留声机。

我们生活中的每个人都要有爱迪生的气魄，敢于面对当下，能正确认识，敢于重新再来，这样你就会无所畏惧。当然，在人生路上，你不可避免地会遭遇困难和挫折，如果面对这些能够从容不迫，沉着冷静，那么在以后的人生道路上就没有什么可以阻止你的了。

2002年3月25日，美国的《财富》杂志用7页的篇幅，刊登了一家中国企业的报道，事实上，在此之前，好孩子集团早已名声在外，但这篇报道，却让人们将注意力集中到了它的老板身上，宋郑还，这个一向低调的企业家，以一种他并不习惯的方式成为了人们追逐的明星。

《财富》杂志的这篇文章把“好孩子”的成长与崛起，称作是现代中国的传奇，是中国由计划经济转向市场经济的心路历程。2001年，好孩子的总收入为1.25亿美元，占据美国手推童车市场的1/3，儿童自行车市场的1/2，在国内，好孩子童车更是占据了80%的市场份额。这一切，都和宋郑还的管理密切相关，而他自己，也因此被《福布斯》评为中国内地富豪排行榜第100名，被人们称作苏州首富。

宋郑还常说的一句话是：“被别人打倒是失败者，被自己打倒就是否定

过去的我，重塑一个更强大的我，会跑得更快、更好、更远。好孩子集团就是要做一个永远自己打倒自己，不被别人打倒的‘好孩子’。”好孩子之所以有如此卓著的成就，可以说是得益于宋郑还敢于不断打倒自己。

的确，从宋郑还的创业经历中，我们可以得出一点，人生路上，如果你想使自己获得更多机会，想让自己的事业做得更强，想在人生路上继续前进，那么，你就必须懂得“放下”的智慧，放下当下的兴衰荣辱。当然，这并不是要我们一味地否定过去，而是要怀着否定或者说放空过去的一种态度，去融入新的环境，对待新的工作、新的事物，为此，你需要记住以下两点：

1.鼓励自己，给自己打气

任何时候，都要自己给自己打气，确信自己的看法。心中默念：我想我可以，我可以坚持下去。冲破一切艰难，不要让你的目标消失在你的信念里，一直打气，把眼前的事情一件一件地做好，这样，你就能一直以良好的状态完成目标。这其中的过程，一直需要有必胜的信念引领着你前进。

2.以积极的心态迎接挑战与困难

如果一个人拥有积极的昂扬向上的精神状态，那么即使他身处逆境，也不会感到绝望，不会放弃，而是能够坦然面对困难，并积极寻找解问题的办法。其实，人生中的许多事，只要你想做，并坚信自己能成功，那么你就能做成。

人生之旅途，路漫漫而其修远也！唯有执着前行，才更能让人生融入精彩；只有洒脱对待人生，才更能收获别样的景致。正如那句话：“看成败，人生豪迈，大不了从头再来……”

放下面子，择善而行

前面，我们已经分析过，很多人之所以不愿意吃“回头草”，所有的问题都归结于一点，那就是面子问题。我们都知道，中国人最重视面子，面子就

是尊严，伤什么不能伤面子。在很多人的心目中，面子是尊严的代名词，生活中，也有很多人，无论何时，都为自己做足面子：囊中羞涩却硬要做东，因为面子上过不去；生活困难也不求助，为爱面子；不愿作为却勉强为之，为了面子……面子，实在太重要了。丢失了面子，就丢失了荣光，失去了光彩，矮了身份，感到脸上无光，心中无味。面子问题真的这么重要吗？实际上，“要面子”并没有什么错，从某种程度看，它是人类的优点，这是知廉耻、懂礼仪、求上进的表现，但如果“死要面子”，那么就必然会走向极端，甚至会让你失去人生中的重要机遇。而那些智慧的人往往能客观对待面子，在机遇面前，他们懂得舍小求大，放下了所谓的“面子”，从而为自己争取到更大的利益。

1956年，美苏最高领导人谈判。苏共书记赫鲁晓夫自恃聪明，美国总统艾森豪威尔深藏不露。两人形成鲜明对照。

在谈判过程中，艾森豪威尔自始至终表现得懵懵懂懂、糊里糊涂，每当赫鲁晓夫刚说完，他总是事先看看国务卿杜勒斯，等杜勒斯递过条子来后，才开始慢条斯理地回答。赫鲁晓夫认为自己作为苏联领袖，当然知道任何问题的答案，而无须借助他人。因此，口若悬河，夸夸其谈，看到艾森豪威尔“迟钝”“无能”的样子，当场讽刺地问道：“在美国谁才是最高的领袖？是艾森豪威尔还是杜勒斯？”当然，最终谈判结果有利于美方。

在这一交涉中，美国领导人艾森豪威尔看似愚笨，却占到了便宜，这就是一种放低姿态的做法。而要做到这一点，首先必须要放下面子。从表面来看，赫鲁晓夫显得非常机敏、果断、博学，而艾森豪威尔则显得优柔寡断，缺乏领袖气概。事实上却正相反。美国总统是大智若愚，而赫鲁晓夫是大愚若智。艾森豪威尔采取“扮痴卖傻”的方式，在谈判中为自己赢来了三个方面的优势：一是示弱骄敌，诱使对方暴露自己的意图；二是可以赢得充分的思考时间；三是能及时获得助手的忠告。

自古至今，放不下面子的人比比皆是，为了所谓的面子，他们失去得更多。

然而，面子比生命还要重要吗？我们先来看下面一则故事：

战国时期，在齐国有个叫黔敖的善人，总是行善好施。这年，齐国出现了严重的饥荒。于是，黔敖在路边准备好饭食，以供路过饥饿的人来吃。

一天，有个饥饿的人很想接受黔敖的施舍，但他很爱面子，于是，他只好用袖子蒙着脸，无力地拖着脚步，踉跄地走来。黔敖看到这个人，就左手端着吃食，右手端着汤，对他说道："喂！来吃吧！"那个饥民扬眉抬眼看着他，说："我就是不愿吃嗟来之食，才落到这个地步。"黔敖追上前去向他道歉，他仍然不吃，终于饿死了。

"宁可饿死，也不受嗟来之食"，表面上看，这是有自尊心的表现，但实际上，这是典型的"死要面子活受罪"，如果没有了生命，又何来自尊呢?

实际上，人们死要面子，是因为不愿承认个人力量的不足，然而，任何人都不是万能的，日常生活中，有太多事情，是你自己无法完成的，也有太多的事情，需要你放下面子，抓住机遇。假如你是一个下属，希望能升职加薪；假如你是一名病人，希望能找到一个医术高超的医生解除你的病痛；假如你在为工作发愁，希望能找到一份如意的工作；假如你急需一笔钱周转生意……这许许多多、大大小小的希望便构成了生活，为了抓住这些改变现状的机遇，你必须要舍得下面子。但很多人一提到这点便皱眉头，甚至羞于告人，觉得很没面子，他们对求人怀有一定的偏见，认为那一定是卑躬屈膝、低三下四的。其实不然，一个人，要想在社会中生存得更好，就要懂得把握机遇，如果你为了所谓的面子而畏首畏尾，那么，你只能坐叹机遇不等人。

总之，人各有所长，也各有所短。以己之短，追慕他人所长，常常力所不及。如果能够摒弃这种以虚假的幻象，就会正确认识自我，也便能正确地看待面子问题；在机遇来临前，也就能懂得取舍，放下所谓的面子，从而为自己争取更多的机遇！

珍惜当下，无须“吃回头草”

前面，我们已经分析过，好马也要吃“回头草”，意在劝诫人们要择善而行，不应该固执己见地往前赶，而应该反思并回头，因为总有一些东西失去了才知道珍贵。那么，既然如此，为何要让珍贵的当下白白浪费和流失呢？

人们常说，人生就是一次旅行，在这一过程中，只有翻山涉水，不惧艰辛，走过忧郁的峡谷，穿过快乐的山峰，蹚过辛酸的河流，越过幸福的海洋，才能走到生命的最高峰，领略到美好的风景。诚然，我们不能否认这一点，但人的一生是短暂的，我们若总是把眼光放在前面的事物而错过了眼前的美景，那么只能空留遗憾。

一次，苏格拉底和朋友拉克苏相遇，他们约定，要到很远的地方去寻找一座大山，据说，那里是世界上最美的地方，到了那里，人们一般都会流连忘返、飘飘欲仙。

很多年以后，他们又相遇了。苏格拉底和拉克苏的感触相同，他们都认为，那是个太遥远的地方，就是倾尽一辈子的时间，估计也不可能到达。

拉克苏很失望地说：“我竭尽精力奔跑过来，结果什么也没有看到，真是太叫人伤心了！”

苏格拉底掸了掸长袍的灰尘说：“可是这一路上，也有很多其他的美景啊，难道你都没有注意到吗？”

拉克苏一脸的尴尬神色：“哎，我一心想着赶路，希望可以早日到达那个迷人的地方，哪还有心思去欣赏沿途的风景啊！”

“那就太遗憾了。”苏格拉底说：“当我们追求一个遥远的目标时，切莫忘记，旅途处处有美景！”

这里，苏格拉底要告诉我们的是，一定要活在当下，我们所在的时间永远是“现在”，所在的地方永远是“此地”。

人们常常认为的“美好的风景在别处”，有时候还饱含了一种对未来生活的幻想。当然，渴求改变现有生活并没有什么过错，但如果你因此而忽视了

现有生活的美好，就有点得不偿失了。

而事实上，“别处的风景”有时候并不美，可能生活中的很多人都有这样的经历：

我们每天都会很努力地工作，向往着未来的生活：十年前，我们曾忧虑十年之后的自己，是否可以在这个大城市居住下来，是否可以成为这个城市的新新人类；十年后的今天，我们又一次渴望着改变，设想着自己未来十年的生活环境。

当你还是一名职场新人的时候，你的生活是忙碌的，你需要赶公交，需要写数不清的报告，你多希望自己可以享受一个无忧无虑的假期，你多么希望自己可以每天睡到自然醒，但就在你幻想的那一刻，你想过没，有多少人正羡慕你可以衣食无忧，可以不用每天递求职信、跑招聘会？

当你已经是一名成熟的职场精英时，你开始有了自己的想法，你在想，凭什么每天受领导的呵斥，他的能力并不如我！你甚至想跳槽，你幻想在未来的某一天，你也能训斥你的下属，并为此得意扬扬。可你想过没，你是最高级的领导吗？如果不是，你永远都有可能受到顶头上司的教导甚至是呵斥！

可能你会说，现在我是总经理了，我终于可以不受人气了，但你错了，总经理的位置也不是每个人都能坐好的。其实每个经理人都有自己的难题。世上从来没有免费的午餐，老板付出的每一笔薪水都希望能够得到超值的回报。由此可想而知，那些坐到总经理位置上的人们，每天的工作压力有多大，那是和他们的年薪成正比的。

那么老板就好做了吗？当然不是，不在其位不谋其政，老板担当的风险是最大的。作为职工，你失业了，可以再找工作。但老板不能，因为公司是他们自己的，公司开门做事，每天要应付的各种人和事，可以算到你头大；公司要支付的各种费用，包括每个员工的每月工资，都是老板要考虑的问题。

可能你会羡慕老板有无人管制的生活、有自由的假期，其实不然，公司是他们自己的，尤其是那些小公司的老板，每天都会衡量公司的损失，即使下了班心也不会休息。每月到了月底周转不灵的时候，老板就是有时间休假，也

忙于自己公司的事情了。

事实上，我们拥有的幸福才是真实的：

我们不必担心自己的孩子在上学的路上是否会被绑架，我们不必看到陌生人就恐慌害怕；我们不必想象自己的另一半会不会因为金钱的关系而与我们对簿公堂；股市风云对于我们小人物而言没有任何的损失，我们看不到金融危机的来临对我们的挫败，因此我们简单并快乐地生活着。我们没有机会因为生意失败而跳楼——很多时候，我们总是会听到，无论是在美国的纽约还是在同样身为大都会的香港，都有那些亿万富豪跳楼的报道。

不少人一直信奉勇往直前的原则，向往着未来的、他人的生活，于是，他们总是在马不停蹄地追赶，但时过境迁，等他们青春年华不再时，才知道自己已经错过了生命里最美的时光。因此，当我们觉得累了的时候，不妨告诉自己，该放松自己了。

因此，要释放自己的内心，我们就要学会享受生活，完善内心修养、提高自身能力，争取更大的空间和更好的生活质量，拥有一颗乐观向上的心。

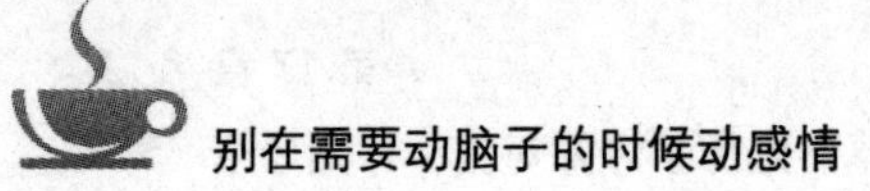

参考文献

[1]文德.心灵鸡汤[M].北京：中国华侨出版社，2013.

[2]吴伦，林青.心灵鸡汤20年精华[M].北京：中国画报出版社，2013.

[3]（美）诺夫辛格著，郑磊译.投资心理学[M].北京：机械工业出版社，2013.

[4]（美）本・霍洛维茨，创业维艰[M].杨晓红，钟莉婷，译.北京：中信出版社，2015.

[5]徐巍. 像爱奢侈品一样爱自己 [M].桂林：漓江出版社，2015.